# SketchUp Pro 2023
## 实战从入门到精通

赵国威 ◎ 主编

人民邮电出版社

北 京

**图书在版编目（CIP）数据**

SketchUp Pro 2023实战从入门到精通 / 赵国威主编.

北京 ： 人民邮电出版社, 2025. 2. -- ISBN 978-7-115
-64568-5

Ⅰ. TU201.4

中国国家版本馆 CIP 数据核字第 202431Y0J3 号

## 内 容 提 要

在建筑信息模型（Building Information Model，BIM）的设计过程中，建筑设计师常运用SketchUp进行复杂的三维建模，随后将这些模型导入其他BIM软件，以进行后续的修改和图纸制作。这种方法使建筑设计师能更高效地应对各种设计挑战。

本书以简洁明快的软件技能教学为特点，结合实际设计项目案例，深入浅出地向读者讲解使用SketchUp Pro 2023进行室内外设计及园林景观设计的技术和技巧。书中收录了一系列精心挑选的实际操作案例，旨在帮助读者迅速掌握软件操作方法，满足读者在建筑外观设计、园林景观设计及室内装潢设计等领域的工作需求。这些案例不仅能让读者亲身体验实际设计过程，还能提升其工作效率。

本书结构清晰、内容丰富，既适合作为高等院校建筑学、城乡规划、环境艺术及园林景观等相关专业学生学习SketchUp的教材，也可作为建筑设计、园林设计及城乡规划等行业从业人员的自学参考书。

◆ 主　　编　赵国威

责任编辑　李永涛

责任印制　王　郁　马振武

◆ 人民邮电出版社出版发行　　北京市丰台区成寿寺路 11 号

邮编　100164　　电子邮件　315@ptpress.com.cn

网址　https://www.ptpress.com.cn

固安县铭成印刷有限公司印刷

◆ 开本：787×1092　1/16

印张：13.75　　　　　　　2025 年 2 月第 1 版

字数：361 千字　　　　　　2025 年 2 月河北第 1 次印刷

定价：79.90 元

读者服务热线：**(010)81055410**　印装质量热线：**(010)81055316**
反盗版热线：**(010)81055315**

# 前言

SketchUp 是一款专为优化设计流程而设计的三维建模软件，它巧妙地融合了传统手绘草图的直观性与自由度，以及现代计算机技术的高效性和精确性，被誉为数字设计领域的"虚拟铅笔"。在实际设计过程中，设计师常常面临的一个挑战是难以通过现有的复杂三维建模软件迅速捕捉并实时与客户分享设计灵感，而往往需要依赖最初的手绘概念图。SketchUp 弥补了这一空缺，其核心优势在于快速的建模能力，能够紧跟甚至超越设计师的思考速度，使构思阶段的设计工作变得更为流畅。

SketchUp Pro 2023 是 SketchUp 系列软件中的专业版，相比其他版本，它提供了更多的高级功能和工具，适用于专业设计师和团队。本书是关于 SketchUp Pro 2023 的详细指南，采用图文结合的方式，侧重于基础知识的讲解，简明扼要，紧贴工程实际。

全书共 8 章，内容安排遵循由浅入深的原则，从软件基础建模到行业应用，由基础知识过渡到实战案例。每章都包含丰富的案例，供读者练习和巩固所学知识。各章内容简要介绍如下。

◉ 第 1 章：主要介绍 SketchUp Pro 2023 的特点、工作界面及基本操作等。

◉ 第 2 章：主要介绍如何利用绘图工具绘制不同的图形，以及如何利用编辑工具对模型进行不同的编辑。

◉ 第 3 章：主要介绍材质与贴图在建筑模型中的应用。

◉ 第 4 章：主要介绍如何利用 SUAPP 插件库来进行建筑结构设计和基于 BIM 的建筑设计。

◉ 第 5 章：通过建筑设计与室内设计两种不同的方案，详解 SketchUp Pro 2023 的建模流程与效果表现。

◉ 第 6 章：主要介绍 SketchUp Pro 2023 在建筑地形设计中的应用。

◉ 第 7 章：主要介绍渲染基础知识，以及 V-Ray for SketchUp 渲染器。通过几个典型的渲染案例，详细介绍渲染的操作流程和图像渲染技术。

◉ 第 8 章：详细介绍 Lumion 的基本功能与实战应用。

由于编者水平有限，书中不足之处在所难免，恳请读者批评指正！读者若有问题，可联系编辑，发送电子邮件至 liyongtao@ptpress.com.cn。

哈尔滨师范大学　赵国威

2024 年 5 月

# 目录

# 第 **1** 章

# SketchUp Pro 2023快速入门

SketchUp Pro 2023 是一款功能强大的三维建模软件，适用于各种设计领域，如建筑设计、室内设计、景观设计等。该软件以直观易用的界面和强大的建模功能而闻名，用户利用该软件能够轻松地创建和修改三维模型。

本章主要介绍 SketchUp Pro 2023 的特点、工作界面及基本操作等。

## **1.1** SketchUp Pro 2023的特点

SketchUp Pro 2023 作为一款专业的三维建模软件，具有以下特点。

- 直观易用的界面。SketchUp Pro 2023 的界面简洁明了，用户能够快速上手。其独特的工具栏布局和快捷键系统使用户能够以更高效的方式进行建模操作。

- 强大的建模功能。SketchUp Pro 2023 提供了丰富的建模工具，包括直线段、弧线、圆形、多边形等基本形状的创建工具，以及推 / 拉、移动、旋转等操作工具。此外，它还支持导入和导出多种格式（如 DWG、DXF、OBJ 等）的文件，方便用户进行数据交换。

- 真实的效果表现。SketchUp Pro 2023 支持各种材质和贴图，用户可以通过简单的操作将材质和贴图应用到模型上，从而创造出更加真实的效果。此外，它还支持光线追踪和阴影模拟，使模型在光照条件下的效果更加逼真。

- 团队协作与共享。SketchUp Pro 2023 支持多人协作，允许多个用户同时在一个模型上进行操作，使团队协作更加高效。此外，它还支持云存储和共享功能，方便用户随时随地访问和共享模型文件。

- 新功能和改进。SketchUp Pro 2023 引入了许多新功能并进行了一些改进，以提供更好的建模体验。其中一些重要的更新包括更强大的视图管理、改进的阴影和反射效果、更精确的测量工具以及更好的组件和群组管理。

- 丰富的插件支持。SketchUp Pro 2023 提供了丰富的插件支持，用户可以通过安装插件来扩展软件的功能。这些插件涵盖了各种用途，如渲染、动画制作、工程分析和模型优化等。

● 广泛的社区支持。SketchUp Pro 2023 具有广泛的社区支持,用户可以在社区中分享自己的作品、学习他人的设计技巧和获取帮助。社区中还有许多第三方资源,如模型库、材质库和插件库等,这些资源可以进一步丰富软件的功能和提升用户体验。

# 1.2 SketchUp Pro 2023的工作界面

启动 SketchUp Pro 2023,首先弹出的是【欢迎使用 SketchUp】对话框。在对话框中选择【建筑 - 毫米】模板(也可以根据需要选择其他模板),如图 1-1 所示,即可进入 SketchUp Pro 2023 的工作界面,如图 1-2 所示。

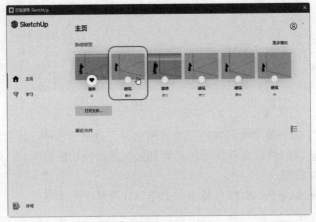

图 1-1

**提示**

【欢迎使用 SketchUp】对话框是启动 SketchUp Pro 2023 时默认自动显示的,关闭该对话框后,可以在 SketchUp Pro 2023 的菜单栏中执行【帮助】/【欢迎使用 SketchUp】命令重新打开该对话框。

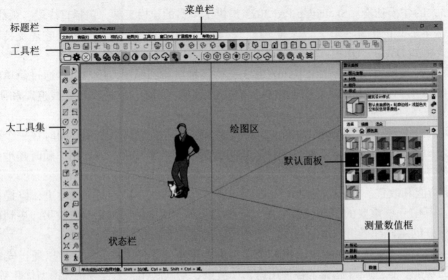

图 1-2

工作界面主要由标题栏、菜单栏、工具栏、绘图区、状态栏、测量数值框、大工具集和默认面板等组成。

- 标题栏：标题栏位于工作界面的顶部，左边显示当前文件的名称（"无标题"说明当前文件还没有被命名），右边分别是最小化、最大化和关闭按钮。
- 菜单栏：菜单栏位于标题栏的下面，默认菜单包括【文件】、【编辑】、【视图】、【相机】、【绘图】、【工具】、【窗口】、【扩展程序】、【帮助】。
- 工具栏：工具栏位于菜单栏的下面，存放着 SketchUp 的常用工具。在菜单栏中执行【视图】/【工具栏】命令，打开【工具栏】对话框，在【工具栏】选项卡中勾选所需的工具栏选项，再单击【关闭】按钮，即可显示所需的工具栏。单击选中某个工具栏并拖曳，可以改变工具栏的位置。
- 绘图区：绘图区是创建模型的区域，该区域的 3D 空间通过绘图轴标识，绘图轴是 3 条互相垂直且带有颜色的直线。
- 状态栏：状态栏位于绘图区左下方，主要显示命令提示和 SketchUp 的状态信息，这些信息会随绘制对象的改变而改变，主要是对命令的描述。
- 测量数值框：测量数值框位于绘图区右下方，可以用于显示对象的尺寸信息，也可以用于输入相应对象的数值。
- 大工具集：大工具集用于集中放置建模时所需的主要工具。
- 默认面板：默认面板也叫属性面板，位于绘图区右侧，用来显示各种属性卷展栏。SketchUp 中场景和模型对象的属性设置包括图元信息、材质、组件、样式、标记（图层）、阴影及场景等。

# 1.3 文件与数据的管理

对初次使用 SketchUp 的用户来说，构建合理的绘图环境、导入 / 导出数据文件、获取外部数据及模型都是重要的操作，掌握这些操作是用户成为优秀设计师的先决条件。

## 1.3.1 文件模板

SketchUp 的文件模板是包含完整图形信息的模型文件，其中包含许多信息，如图层、页面视图、尺寸标注及文字、单位、地理位置、动画设置、统计数据、文件设置、渲染设置及组件设置等多方面的综合信息。

在【欢迎使用 SketchUp】对话框中选择【更多模板】选项，会展开 SketchUp 的所有模板。也可以在 SketchUp 的菜单栏中执行【文件】/【从模板新建】命令，打开【选择模板】对话框，从中选择合适的模板。

SketchUp 的模板包括简单模板、建筑模板、平面图模板、城市规划模板、横向（景观设计）模板、木工模板、内部（室内和产品设计）模板、3D 打印模板等，如图 1-3 所示。

做项目设计时要选择对应的模板，任意选择一个模板进入工作界面后，必须进行模型信息的更改及系统配置，以使其符合项目设计要求。

合理选择模板后，如果要重新创建一个文件，可在菜单栏中执行【文件】/【新建】命令，新建的模型文件中包含在【欢迎使用 SketchUp】对话框中所选模板的信息。

完成模型的创建后，可以将当前的模型文件保存为模板，供后续工作时调用。

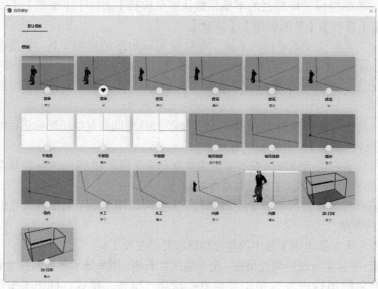

图 1-3

## 1.3.2 文件的打开 / 保存与导入 / 导出

当需要打开已有的 SketchUp 文件时，可以在菜单栏中执行【文件】/【打开】命令，在弹出的【打开】对话框中找到文件存储的路径，选择文件并单击【打开】按钮，如图 1-4 所示。这里仅能打开 .skp 格式的文件，其他格式的文件需要通过导入的方式打开。

图 1-4

在菜单栏中执行【文件】/【导入】命令，弹出【导入】对话框，在对话框右下角的文件类型下拉列表中选择一种格式，如图 1-5 所示，单击【导入】按钮，即可将其他软件生成的文件导入当前的工作场景。这样的导入称为"数据转换"。如果文件类型下拉列表中没有要打开文件的格式，可以在其他软件中导出 SketchUp 能导入的格式文件。总之，文件数据的转换方式是多种多样的，这也为 BIM 建筑项目设计创造了良好的条件。

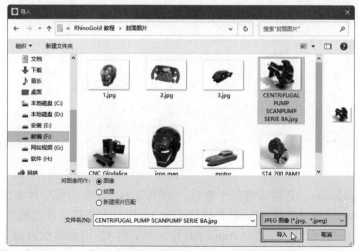

图 1-5

同理，完成模型的创建后，在菜单栏中执行【文件】/【另存为】命令，可以将文件保存为 2023 版本文件或旧版本文件。

有时为了能够在其他三维软件中打开 SketchUp 模型，可对文件数据进行转换，此时可在菜单栏中执行【文件】/【导出】命令，将 SketchUp 模型导出为其他三维软件支持的格式文件。

## 1.3.3　获取与共享模型

SketchUp 为用户提供了免费的 3D 模型库——3D Warehouse，3D Warehouse 是当前广受认可的 3D 模型资源库之一，拥有庞大的模型数量和多样的种类。

3D Warehouse 分为网页版和 SketchUp 客户端。网页版如图 1-6 所示。

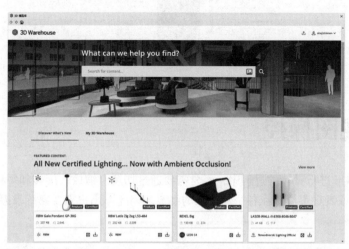

图 1-6

3D Warehouse 的 SketchUp 客户端可以通过在菜单栏中执行【窗口】/【3D 模型库】命令来打开，其界面如图 1-7 所示。

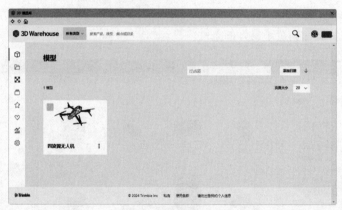

图 1-7

要使用 3D Warehouse，必须注册一个账号。3D Warehouse 中的模型种类繁多，包括各行各业的专业模型。SketchUp 与其他 BIM 软件可以通过 3D 模型库来传达模型信息。例如，3D 模型库可以安装在 Revit 中，也可以安装在 AutoCAD 中，然后将 3D 模型库中的 SKP 模型下载并导入 Revit 或 AutoCAD，随即完成模型数据的转换。在其他 BIM 软件中要使用 3D 模型库插件，可以到 Autodesk App Store 中进行搜索并下载。

当用户想把自己的模型通过网络共享给其他设计师时，先保存当前模型文件，然后在菜单栏中执行【文件】/【3D Warehouse】/【共享模型】命令，弹出【3D 模型库】对话框，输入模型文件的标题及说明后，单击【Publish Model】（发布模型）按钮，即可完成模型的共享，如图 1-8 所示。

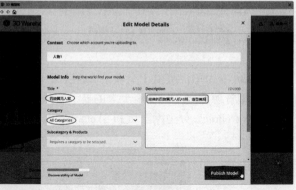

图 1-8

# 1.4 视图操控

在使用 SketchUp 进行设计的过程中，经常需要通过切换、缩放、旋转和平移视图等操作来确定模型的创建位置或者观察模型在各个角度下的细节。因此，用户需要熟练掌握 SketchUp 的视图操控方法和技巧。

## 1.4.1 模型视图

在创建模型的过程中，可以通过切换不同的模型视图来观察模型。SketchUp 提供了 7 个标准模型视图工具,包括轴测图、顶视图、前部视图、右视图、左视图、返回视图(也称后视图)和底视图。标准模型视图工具在【视图】工具栏中,如图 1-9 所示。

图 1-9

图 1-10 所示为一个床模型在 7 个标准模型视图下的效果。

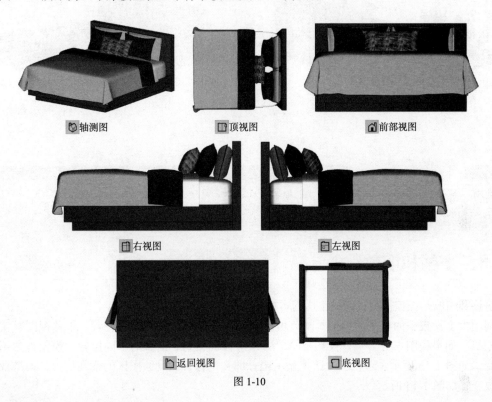

图 1-10

从视觉表达方式来看,模型视图又分为平行投影视图、透视显示图和两点透视图 3 种,图 1-10 所示的 7 个标准模型视图就是平行投影视图。图 1-11 所示为床模型在透视显示图和两点透视图下的效果。

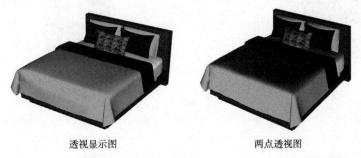

透视显示图　　　　　　　　　　两点透视图

图 1-11

要得到平行投影视图、透视显示图或两点透视图,可在菜单栏中执行【相机】/【平行投影】命令、【相机】/【透视显示】命令或【相机】/【两点透视图】命令。

## 1.4.2 环绕观察

环绕观察可以观察全景模型,给人以全新、真实的立体感受。在大工具集中单击【环绕观察】

按钮 ⊕，然后在绘图区按住鼠标左键并拖动鼠标，可以以不同角度观察模型，如图 1-12 所示。

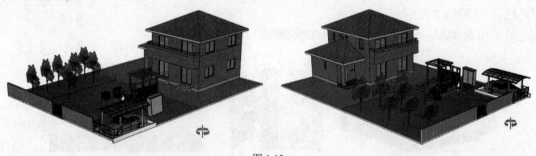

图 1-12

## 1.4.3 平移和缩放

平移和缩放是操控模型视图的常用基本操作。

利用大工具集中的【平移】工具 ✋，可以拖动视图至绘图区的不同位置。平移视图其实就是平移相机。如果视图本身为平行投影视图，那么平移视图到绘图区的不同位置，模型视角不会发生改变，如图 1-13 所示；若视图为透视显示图，那么平移视图到绘图区的不同位置，模型视角会发生改变，如图 1-14 所示。

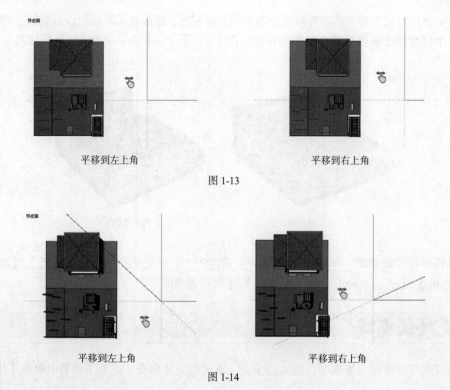

图 1-13

图 1-14

视图缩放工具包括【缩放】工具🔍、【缩放范围】工具✕和【缩放窗口】工具🔍。选中【缩放】工具🔍后，可通过拖动鼠标来自由缩放视图。【缩放范围】工具✕可将视图自动填充到整个绘图区。【缩放窗口】工具🔍可将矩形区域内的局部视图放大显示。选中【缩放】工具🔍，在绘图区上下拖动鼠标，可以缩小视图或放大视图，如图 1-15 所示。

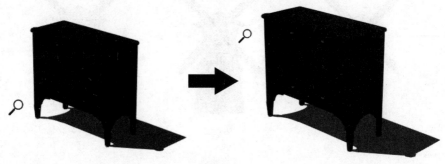

图 1-15

SketchUp 视图的快捷操控方式如下。

- 旋转视图（环绕观察）：按住鼠标中键（滚轮）并在屏幕上拖动鼠标。
- 平移视图（平移）：按住 Shift 键 + 鼠标中键（滚轮）并在屏幕上拖动鼠标。
- 缩放视图（缩放范围）：滚动鼠标中键（滚轮）。

# 1.5 模型显示样式

在 SketchUp 中，模型的显示样式包括 X 射线、后边线、线框显示、隐藏线、着色显示、贴图和单色显示，可以通过图 1-16 所示的【样式】工具栏来设置。

图 1-16

---
**提示**

在工具栏区域的空白处右击，选择快捷菜单中的【样式】命令，即可调出【样式】工具栏。

---

【例 1-1】 设置模型显示样式。

1. 打开本例源文件"风车.skp"。
2. 在【样式】工具栏中单击【X 射线】按钮📦，显示 X 射线样式，如图 1-17 所示。
3. 在【样式】工具栏中单击【后边线】按钮📦，显示后边线样式，如图 1-18 所示。
4. 在【样式】工具栏中单击【线框显示】按钮📦，显示线框样式，如图 1-19 所示。
5. 在【样式】工具栏中单击【隐藏线】按钮📦，显示隐藏线样式，如图 1-20 所示。

图 1-17　　　　　　图 1-18　　　　　　图 1-19　　　　　　图 1-20

6. 在【样式】工具栏中单击【着色显示】按钮 ，显示着色样式，如图 1-21 所示。
7. 在【样式】工具栏中单击【贴图】按钮 ，显示贴图样式，如图 1-22 所示。
8. 在【样式】工具栏中单击【单色显示】按钮 ，显示单色样式，如图 1-23 所示。

图 1-21　　　　　　　图 1-22　　　　　　　图 1-23

# 1.6　测量工具

测量工具主要用于对模型进行测量和注释。

常用的测量工具包括【卷尺工具】 、【尺寸】工具 、【量角器】工具 、【文本】工具 、【轴】工具 和【3D 文本】工具 ，它们集中在图 1-24 所示的【建筑施工】工具栏中。

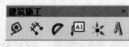

图 1-24

## 1.6.1　卷尺工具

【卷尺工具】 主要用于对模型任意两点之间的距离进行测量，同时还可以拉出一条辅助线，对精确建模非常有用。

【例 1-2】测量模型。

1. 创建一个 300mm×300mm×350mm 的立方体模型，如图 1-25 所示。

**提示**

在本书中，操作步骤中所涉及模型的单位若为 mm 或 m，则文件模板必须为相应的毫米模板或米模板。另外，输入参数时若未明确指定单位，则默认单位为 mm。

2. 在【建筑施工】工具栏中单击【卷尺工具】按钮 ，鼠标指针变成卷尺形状，单击以确定要测量的第一点，如图 1-26 所示。

图 1-25　　　　　　　　　　图 1-26

3. 移动鼠标指针至测量的第二点，测量数值框中会显示数值。图 1-27 和图 1-28 所示为测量的高度和长度。

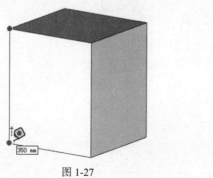

图 1-27　　　　　　　　　　　　　图 1-28

【例 1-3】　添加辅助线以实现精确建模。

接【例 1-2】。

1. 切换视图为前部视图。在【建筑施工】工具栏中单击【卷尺工具】按钮 ，选取边线中点作为测量起点，如图 1-29 所示。

2. 向下拖动鼠标，拉出一条与边线平行的辅助线（虚线表示），在测量数值框中输入 "30"，再按 Enter 键确认并结束放置，如图 1-30 所示。

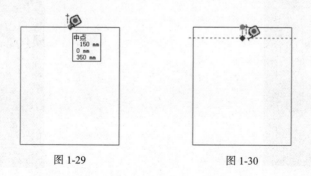

图 1-29　　　　　　　　　　　　　图 1-30

3. 同理，在其他三边的中点位置拖出距离边线 30mm 的辅助线，如图 1-31 所示。

4. 在大工具集中选择【直线】工具 ，选取辅助线之间的交点，如图 1-32 所示。随后系统会自动绘制出一个封闭面，如图 1-33 所示。

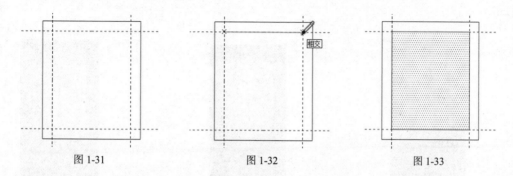

图 1-31　　　　　　　　图 1-32　　　　　　　　图 1-33

5. 在菜单栏中执行【视图】/【参考线】命令取消辅助线的显示，如图 1-34 所示。

6. 在绘图区右侧的默认面板的【材质】卷展栏中选择半透明玻璃材质，为封闭面填充半透明玻璃材质，结果如图 1-35 所示。

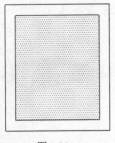

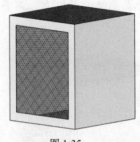

图 1-34                 图 1-35

# 1.6.2 【尺寸】工具

利用【尺寸】工具✧可以对模型添加尺寸标注和文字注释，一般选取模型的中心点、圆心、圆弧及模型边线进行尺寸标注。

【例 1-4】 添加长度尺寸标注。

1. 打开本例源文件"门.skp"，如图 1-36 所示。在【建筑施工】工具栏中单击【尺寸】按钮✧，在门模型的左上角选取一个端点作为尺寸标注的第一点，如图 1-37 所示。

图 1-36                                图 1-37

2. 向下拖动鼠标，选取门模型的左下角端点作为尺寸标注的第二点，如图 1-38 所示。

3. 向左侧拖动鼠标，在合适的位置单击以放置尺寸（包括尺寸线与尺寸文字），如图 1-39 和图 1-40 所示。

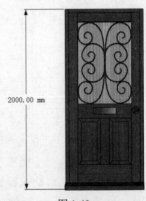

图 1-38                          图 1-39                        图 1-40

【**例1-5**】 继续添加长度尺寸标注。

接【例1-4】。

1．在【建筑施工】工具栏中单击【尺寸】按钮，选取门模型底部的一条边线，选中的边线呈蓝色高亮显示，如图1-41所示。

2．向下拖动鼠标，在适当位置单击以放置尺寸，完成所选边线的长度尺寸标注，如图1-42和图1-43所示。

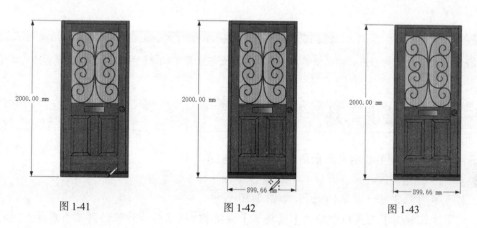

图1-41                图1-42                图1-43

3．同理，对其他边线进行长度尺寸标注，如图1-44所示。

4．选中最右侧的尺寸，按Delete键删除尺寸，如图1-45所示。

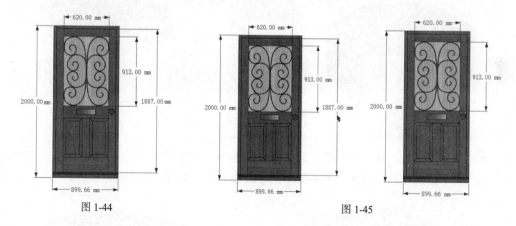

图1-44                          图1-45

【**例1-6**】 添加直径或半径尺寸标注。

1．分别选择大工具集中的【圆】工具和【两点圆弧】工具，绘制圆和圆弧，如图1-46所示。

2．在【建筑施工】工具栏中单击【尺寸】按钮，选取圆，如图1-47所示。

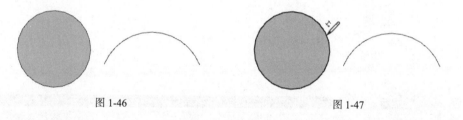

图1-46                          图1-47

3．在圆内或圆外某个位置单击以放置直径尺寸，如图1-48所示。

4．同理，再选取圆弧，系统会自动标注半径尺寸。半径尺寸中的"R"表示半径，如图1-49所示。

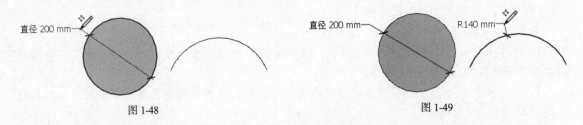

图 1-48　　　　　　　　　　　　　　图 1-49

## 1.6.3 【量角器】工具

【量角器】工具 ◢ 主要用来测量角度或创建参考线。

【例 1-7】 测量角度。

1．打开本例源文件"模型 1.skp"，如图 1-50 所示。

2．在【建筑施工】工具栏中单击【量角器】按钮 ◢，将鼠标指针移动到某个端点上，如图 1-51所示。

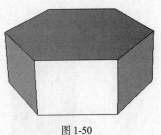

图 1-50

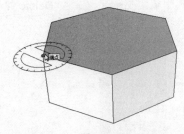

图 1-51

3．单击放置量角器，然后在模型中选取一个端点作为角度起始边上的一点，如图 1-52 所示。

4．在模型中选取另一个端点作为角度终止边上的一点，如图 1-53 所示。

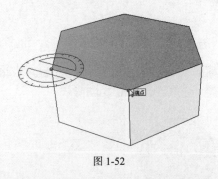

图 1-52　　　　　　　　　　　　　　图 1-53

5．完成角度测量后，可在测量数值框中查看角度值，如图 1-54 所示。如果需要保留测量的参考线，可在测量角度的过程中按下 Ctrl 键，如图 1-55 所示。

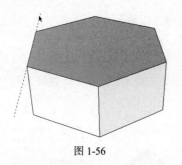

角度 120.0

图 1-54

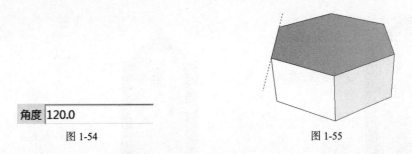

图 1-55

6．不再需要参考线时，可选中一条或多条参考线后按 Delete 键进行删除，如图 1-56 所示。若要删除绘图区中的全部参考线，可在菜单栏中执行【编辑】/【删除参考线】命令，如图 1-57 所示。

图 1-56

| 编辑(E) | 视图(V) | 相机(C) | 绘图(R) | 工具(T) |
| --- | --- | --- | --- | --- |
| 撤销 导向 | | | Ctrl+Z |
| 重复 | | | Ctrl+Y |
| 剪切(T) | | | Ctrl+X |
| 复制(C) | | | Ctrl+C |
| 粘贴(P) | | | Ctrl+V |
| 定点粘贴(A) | | | |
| 删除(D) | | | Del |
| 删除参考线(G) | | | |
| 全选(S) | | | Ctrl+A |
| 全部不选 (N) | | | Ctrl+T |
| 反选 (I) | | | Ctrl+Shift+I |

图 1-57

# 1.6.4 【文本】工具

利用【文本】工具 □ 可以创建模型中的点、线、面的文字注释。例如，建筑设计与建筑装饰设计中的门窗型号、材料型号、钢筋材料等都需要创建文字注释作为文字说明。

【例 1-8】 创建文字注释。

1．打开本例源文件"窗户.skp"，这是一个窗户模型，如图 1-58 所示。

2．在【建筑施工】工具栏中单击【文本】按钮 □，在模型面上单击以创建引线起点，如图 1-59 所示。

图 1-58

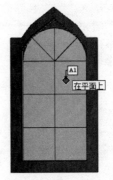

图 1-59

3．向外拖动鼠标，在合适位置单击以放置引线，创建所选面的文字注释，如图 1-60 所示。

如果需要作其他文字说明，可以修改文字内容。

4．利用同样的方法，创建窗户模型中其他位置的文字注释，如图1-61所示。

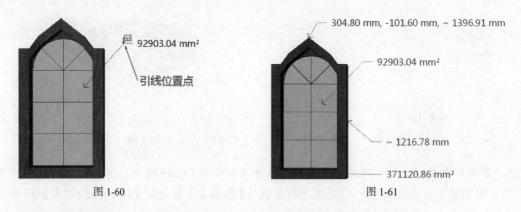

图1-60                              图1-61

如果不需要创建引线，可以直接在屏幕的空白区域单击以放置文字说明。

以上模型的文字注释都是以默认方式标注的，标注后还可以修改文字注释。

【例1-9】 修改文字注释。

1．在【建筑施工】工具栏中单击【文本】按钮，双击文字注释，文字注释呈蓝色高亮显示，如图1-62所示。随后修改文字内容，如图1-63所示。

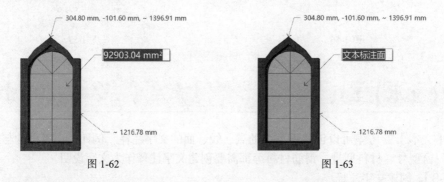

图1-62                              图1-63

2．在默认面板的【图元信息】卷展栏中单击【更改字体】按钮，如图1-64所示。

3．在弹出的【选择字体】对话框中对文字的【字体】、【字体风格】、【大小】进行修改，修改完成后单击【确定】按钮，如图1-65所示。

图1-64                              图1-65

4．在【图元信息】卷展栏中单击色块，在弹出的【选择颜料】对话框中对文字颜色进行修改，修改完成后单击【确定】按钮，如图1-66所示。

5．在【图元信息】卷展栏的【文字】、【箭头】、【引线】下拉列表中分别输入新的文字、设置新的箭头样式及设置引线显示状态，如图1-67所示。

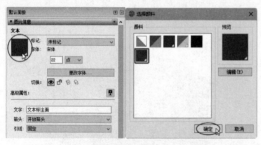

图1-66

图1-67

6．设置好字体、文字颜色、箭头样式及引线显示状态后，在绘图区的空白处单击以完成修改。最终，所有文字注释的修改结果如图1-68所示。

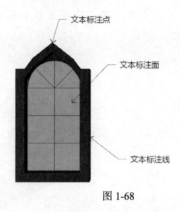

图1-68

# 1.6.5 【轴】工具

【轴】工具 用来重定义坐标系的方位，常利用该工具来确定工作平面在 $Z$ 轴的位置。默认的工作平面是坐标系中的 3 个基准平面，在 SketchUp 中用顶视图、前部视图和右视图来表示 3 个基准平面。一旦坐标轴改变，基准平面（工作平面）也会相应改变。

【例 1-10】 重定义坐标轴。

1．打开本例源文件"小房子.skp"，这是一个小房子模型，如图1-69所示。其中，红色轴表示 $X$ 轴，绿色轴表示 $Y$ 轴，蓝色轴表示 $Z$ 轴。

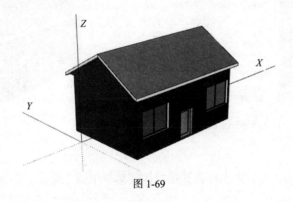

图1-69

2．在【建筑施工】工具栏中单击【轴】按钮 ，在小房子模型的屋面上单击以选取一个端点作为坐标轴的新原点（也称"轴心点"），如图 1-70 所示。

3．沿着屋面移动鼠标指针到另一个端点处并单击，完成 $X$ 轴的指定，如图 1-71 所示。

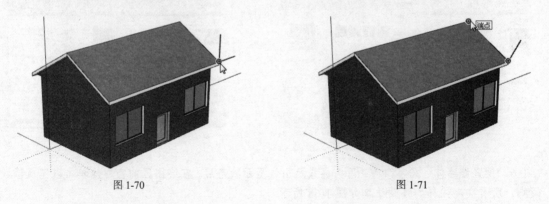

图 1-70                                    图 1-71

4．移动鼠标指针到屋面的另一对角点上并单击，完成 $Y$ 轴的指定，如图 1-72 所示。随后坐标轴被重定位到新的位置，如图 1-73 所示。

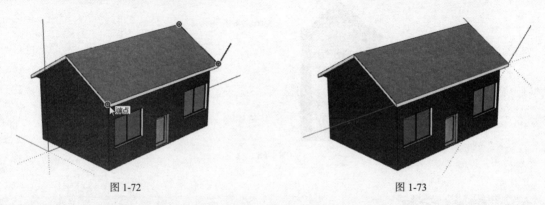

图 1-72                                    图 1-73

【例 1-11】 对齐轴。

仍然以小房子模型为例，利用【对齐轴】命令改变默认坐标轴的轴向。

选中一个屋面并右击，在快捷菜单中选择【对齐轴】命令，随后系统会自动将该屋面设置为与 $X$ 轴、$Y$ 轴对齐的坐标平面，如图 1-74 所示。

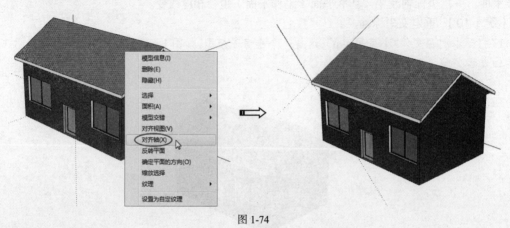

图 1-74

若要恢复默认的轴向，可右击坐标轴并选择快捷菜单中的【重设】命令，如图 1-75 所示。

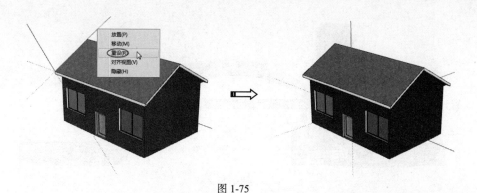

图 1-75

## 1.6.6 【3D 文本】工具

利用【3D 文本】工具 $\mathbb{A}$ 可以创建 3D 文字。

【例 1-12】 创建 3D 文字。

1．打开本例源文件"学校大门.skp"，这是一个学校大门模型，如图 1-76 所示。

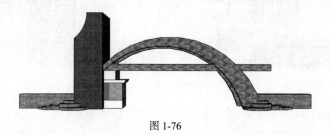

图 1-76

2．在【建筑施工】工具栏中单击【3D 文本】按钮 $\mathbb{A}$，弹出【放置三维文本】对话框，如图 1-77 所示。

3．在文本框中输入文字"欣荣中学"并使文字竖直排列，再设置【字体】、【对齐】、【高度】等选项，单击 放置 按钮，如图 1-78 所示，将文字放置到大门的立柱面上，如图 1-79 所示。

图 1-77

图 1-78

**提示**

也可以逐一地创建单个 3D 文字，这便于后续利用【比例】工具 $\boxed{\ }$ 来调整文字的字间距和行间距。

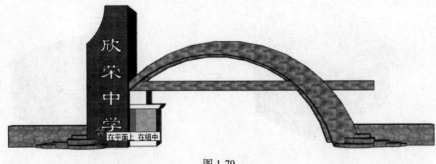

图 1-79

4. 在大工具集中单击【比例】按钮📐，通过缩放操作来调整文字大小，效果如图 1-80 所示。

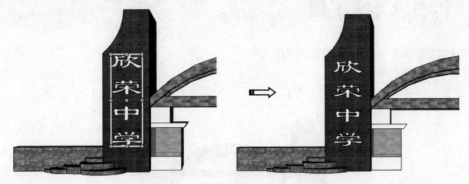

图 1-80

5. 在默认面板的【材质】卷展栏中选择一种材质填充给 3D 文字，效果如图 1-81 所示。

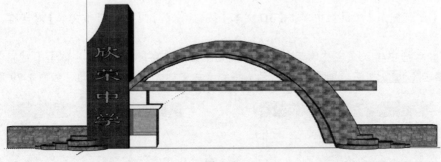

图 1-81

**提示**

创建 3D 文字时必须勾选【填充】和【已延伸】复选框，否则产生的文字没有立体效果。在放置 3D 文字时会自动激活【移动】工具✛，利用【选择】工具▶在空白处单击即可取消移动功能。

# 1.7 对象选择技巧

在建模过程中，常需要选择对象来执行相关的操作。SketchUp 中常用的对象选择方式有一般选择、框选和窗选3种。

## 1.7.1  一般选择

可以通过单击【主要】工具栏中的【选择】按钮，或直接按空格键激活【选择】工具。下面通过实例操作说明一般选择的方法。

【例1-13】 一般选择的方法。

1．打开本例源文件"休闲桌椅组合.skp"，如图1-82所示。

2．单击【主要】工具栏中的【选择】按钮，或直接按空格键激活【选择】工具，绘图区中会显示箭头符号。

3．在休闲桌椅组合中选中一个椅子模型，该模型将显示边框，如图1-83所示。

图 1-82

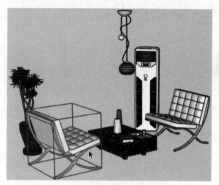
图 1-83

---

**提示**

SketchUp中最小的可选择对象为线、面与组件。本例的模型为组件，因此无法直接选择面或线。但如果选择组件并右击，选择快捷菜单中的【炸开模型】命令，就可以选择该组件中的面或线元素，如图1-84所示。若该组件由多个元素构成，则需要进行多次分解。

图 1-84

4．选择一个组件、一条线或一个面后，若要继续选择，可按住Ctrl键（鼠标指针变成▲+形状）连续选择，如图1-85所示。

5．按住Shift键，鼠标指针变成▲±形状，如图1-86所示，可以连续选择对象，也可以反向选择对象。

6．按住Ctrl+Shift组合键，鼠标指针变成▲-形状，可反选对象，如图1-87所示。

图 1-85

图 1-86

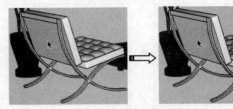

图 1-87

**提示**

如果误选了对象，可以按住 Shift 键进行反选，也可以按住 Ctrl+Shift 组合键进行反选。

# 1.7.2 框选和窗选

框选和窗选都是利用【选择】工具 通过拖动鼠标在绘图区画出一个矩形框来选择单个或多个对象，用户可以根据需要调整矩形框的大小和位置。

框选是由左上方（或左下方）至右下方（或右上方）画出矩形框进行选择，窗选是由右下方（或右上方）至左上方（或左下方）画出矩形框进行选择。框选的矩形框是实线，窗选的矩形框是虚线，如图 1-88 所示。

图 1-88

【例 1-14】 框选和窗选的具体应用。

1．打开本例源文件"餐桌组合.skp"，如图 1-89 所示。

2．在模型中要求一次性选择 3 个椅子组件。保持默认的视图，在模型中的合适位置拾取一点作为矩形框的起点，然后从左上方到右下方画出矩形框，将其中 3 个椅子组件包括在矩形框内，如图 1-90 所示。

图 1-89

图 1-90

要想完全选中 3 个组件，3 个组件必须被完全包含在矩形框内。另外，被矩形框框住的还有其他组件，若不想选中它们，按住 Shift 键反选即可。

3．框选后，可以看见同时被选中的 3 个椅子组件（组件边框呈蓝色高亮显示），如图 1-91 所示。在绘图区空白处单击，可取消框选。

4．下面用窗选方法同时选择 3 个椅子组件。在合适位置从右下方到左上方画出矩形框，如图 1-92 所示。

图 1-91

图 1-92

窗选与框选不同的是，无须将所选对象完全包括在矩形框内，矩形框包括的对象和经过的对象都会被选中。

5．在图 1-93 中，矩形框所经过的组件均被选中，包括椅子组件、桌子组件和桌面上的餐具等。将视图切换到顶视图，再利用框选或窗选方式来选择对象会更加容易，如图 1-94 所示。

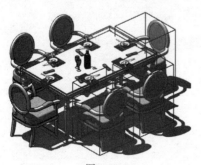
图 1-93

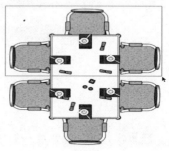
图 1-94

# 第2章

# 模型的创建与编辑

本章主要介绍如何利用绘图工具绘制图形，如何利用编辑工具编辑模型等。

## 2.1 绘图工具

绘图工具主要集中在【绘图】工具栏中，包括【直线】工具 、【手绘线】工具 、【矩形】工具 、【旋转长方形】工具 、【圆】工具 、【多边形】工具 、【圆弧】工具 、【两点圆弧】工具 、【3点圆弧】工具 和【扇形】工具 ，如图2-1所示。

图 2-1

## 2.1.1 【直线】工具

利用【直线】工具 可以绘制直线段、连续折线和多边形。还可以利用【直线】工具 分割面或复原删除的面。

【例2-1】 绘制直线段。

利用【直线】工具 绘制一条简单的直线段。

1. 在【绘图】工具栏或大工具集中单击【直线】按钮 ，此时鼠标指针变成铅笔形状 ，在绘图区中单击以确定直线段的起点，拖动鼠标在其他位置单击以确定直线段的终点，如图2-2所示。

2. 如果想精确绘制直线段，确定直线段方向后可在测量数值框中输入数值，这时测量数值框以"长度"名称显示，如输入"300"，按Enter键确认，结果如图2-3所示。

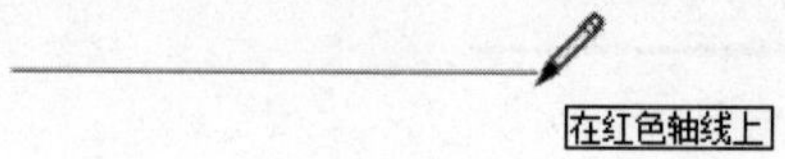

在红色轴线上 | 长度 300

图 2-2              图 2-3

默认情况下，如果不结束绘制操作，将继续绘制连续不断的折线。

【例 2-2】 绘制多边形。

利用【直线】工具 ✏ 绘制多边形，系统会自动填充多边形并创建一个面。

1．单击【直线】按钮 ✏，在绘图区中确定多边形的起点。

2．拖动鼠标，依次确定第二点、第三点和第四点，画出一个三角形和一个三角形面，如图 2-4 所示。

| 提示 |
| --- |

选中多边形中的面并按 Dlete 键，可以删除面，但会保留多边形。此外，如果删除了多边形的某条边，则多边形中的面也随之被删除。

如果连续的折线没有封闭，则不能创建面，如图 2-5 所示。

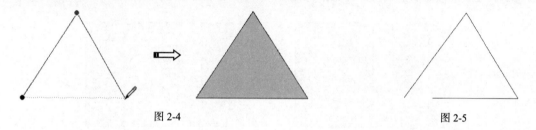

图 2-4                   图 2-5

【例 2-3】 分割直线段。

利用【拆分】命令可以将一条直线段分割成多段。

1．单击【直线】按钮 ✏，画出一条直线段。选中直线段，再右击并选择快捷菜单中的【拆分】命令，如图 2-6 所示。

图 2-6

2．此时直线段中会显示分段点。如果鼠标指针在直线段中间，则仅产生一个分段点；移动鼠标指针会产生多个分段点，如图 2-7 所示。

图 2-7

3．还可以在绘图区底部的测量数值框中输入值来精确控制分段数。如输入"5"，按 Enter 键确认，则直线段被分割成 5 段，如图 2-8 所示。

段 5

图 2-8

【例 2-4】 分割面。

当绘制多边形并填充封闭区域生成面后，利用【直线】工具 🖊 可以将一个面分割成多个面。

1．单击【直线】按钮 🖊，绘制一个矩形，系统自动填充矩形区域生成矩形面，如图 2-9 所示。

2．在面上绘制一条直线段，将矩形面分割成两个面，如图 2-10 所示。

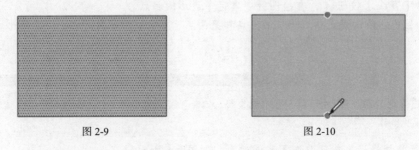

图 2-9　　　　　　　　　　　　　　　　图 2-10

3．同理，继续绘制直线段，将面分割成更多较小的面，如图 2-11 所示。

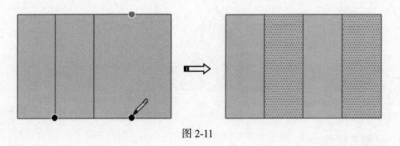

图 2-11

## 2.1.2 【手绘线】工具

利用【手绘线】工具 ✎ 可以绘制不规则平面曲线和 3D 空间曲线。曲线可用于定义和分割平面，还可用于表示等高线地图或其他有机形状中的等高线。

【例 2-5】 手绘曲线。

1．单击【手绘线】按钮 ✎，鼠标指针变为 ✎ 形状。在绘图区的任意位置单击以确定曲线起点，按住鼠标左键拖动鼠标，即可绘制出不规则曲线，如图 2-12 所示。

2．当起点与终点重合时，即可绘制出一个封闭的面，如图 2-13 所示。

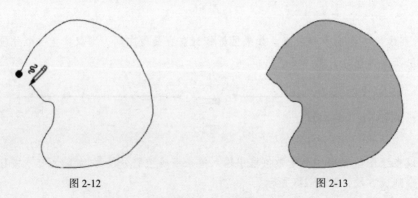

图 2-12　　　　　　　　　　　　　　　　图 2-13

# 2.1.3 【矩形】工具和【旋转长方形】工具

【矩形】工具☑和【旋转长方形】工具🔲都是用来绘制矩形的工具。其中,【矩形】工具☑用于绘制平面矩形,【旋转长方形】工具🔲用于绘制倾斜矩形。矩形是由4条边构成的封闭图形,所以绘制矩形后将自动填充矩形区域而生成面(即矩形面)。

---

**提示**

　　本章及后面的内容中,有时将"绘制矩形"描述为"绘制矩形面",或者将"绘制圆"描述为"绘制圆形"或"绘制圆形面",这是考虑到各自案例中的实际需要。

**【例 2-6】** 绘制矩形。

1．单击【矩形】按钮☑,鼠标指针变成✏形状。在绘图区中确定矩形的两个对角点,完成矩形的绘制,如图 2-14 所示。

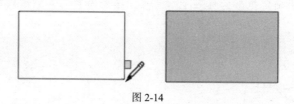

图 2-14

2．在绘制矩形的过程中若出现"黄金分割"提示,说明绘制的是黄金分割比例(长:宽=1.618∶1)的矩形,如图 2-15 所示。

3．也可以在测量数值框中输入"500,300",按 Enter 键确认后完成矩形的精确绘制,如图 2-16所示。

图 2-15　　　　　　　　　　　　　　　　图 2-16

---

**提示**

　　如果输入负值,则沿绘图方向的反方向进行绘制。

4．在确定矩形的第二个对角点的过程中,若出现一条对角虚线并在鼠标指针位置显示"正方形",则绘制的矩形就是正方形,如图 2-17 所示。

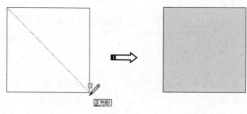

图 2-17

5．绘制的矩形自动填充为面后，可以删除面，仅保留矩形，如图 2-18 所示。但是，如果删除矩形的一条边，那么矩形面就不存在了，因为封闭的曲线变成了开放曲线。

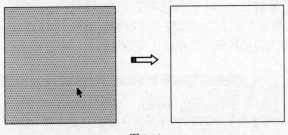

图 2-18

【例 2-7】 绘制倾斜矩形。

1．单击【旋转长方形】按钮，鼠标指针位置显示量角器，用以确定倾斜角度，如图 2-19 所示。

2．在绘图区中单击确定矩形的第一个对角点，接着绘制一条斜线以确定矩形的一条边，如图 2-20 所示。

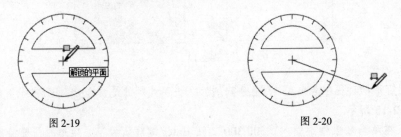

图 2-19            图 2-20

3．沿着斜线的垂直方向移动鼠标，以确定矩形的垂直边长度，单击即可完成倾斜矩形的绘制，如图 2-21 所示。按空格键结束操作。

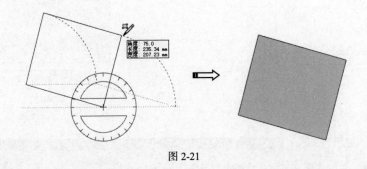

图 2-21

## 2.1.4 【圆】工具

圆可以看成由无数条边构成的正多边形。在 SketchUp 中绘制圆，默认的边数为 24，可以通过修改边数来提升或降低圆的圆滑度。

【例 2-8】 绘制圆。

1．单击【圆】按钮，鼠标指针变成形状，如图 2-22 所示。

2．在绘图区中坐标轴原点的位置单击以确定圆心，移动鼠标并在其他位置单击即可画出一个圆，如图 2-23 所示。

3．若要精确绘制圆，可在测量数值框中输入半径值，如输入"3000"并按 Enter 键确认，画出半径为 3000mm 的圆，如图 2-24 所示。

4．圆默认的边数为 24，减少边数可以绘制出正多边形。当执行【圆】命令⊘后，在测量数值框中输入边数"8"并按 Enter 键，即可绘制出正八边形，如图 2-25 所示。

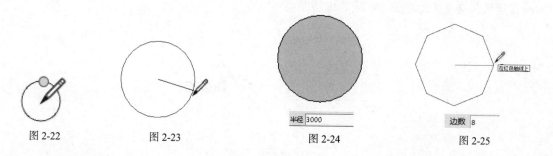

图 2-22　　　　图 2-23　　　　图 2-24　　　　图 2-25

**提示**

在测量数值框中输入数值时，并不需要在框内单击以进行激活，事实上，执行命令后直接利用键盘输入数值，系统就会自动将这个数值显示在测量数值框中。

## 2.1.5 【多边形】工具

利用【多边形】工具⊘可以绘制正多边形。

前面介绍了将圆变成正多边形的方法。下面介绍外接圆多边形的绘制方法。系统默认的多边形边数为 6。

【例 2-9】　绘制正多边形。

1．单击【多边形】按钮⊘，鼠标指针变成✏形状。

2．在绘图区中单击以确定正多边形的中心点，向外拖动鼠标，以确定正多边形的大小，如图 2-26 所示。

3．也可在测量数值框中输入正多边形的外接圆半径值，按 Enter 键确认后完成正多边形的绘制，如图 2-27 所示。

图 2-26　　　　　　　　　　　　图 2-27

## 2.1.6 绘制圆弧

圆弧工具主要用于绘制圆弧。SketchUp 提供了 4 种圆弧绘制方式，下面进行详细讲解。

【例 2-10】 以"从中心和两点"方式绘制圆弧。

"从中心和两点"方式以圆弧中心及圆弧的两个端点来确定圆弧位置和大小。

1．单击【圆弧】按钮 🖊，鼠标指针变成 🖊 形状。在任意位置单击以确定圆弧中心。

2．拖动鼠标拉长虚线以便指定圆弧半径，或者在测量数值框中输入长度值（即半径值）并按 Enter 键确认，确定圆弧起点，如图 2-28 所示。

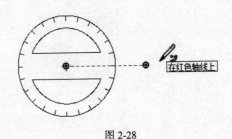

图 2-28

3．拖动鼠标绘制圆弧，如图 2-29 所示。如果要精确控制圆弧角度，可在测量数值框中输入角度值（确定终点）并按 Enter 键确认，即可完成指定角度圆弧的绘制。

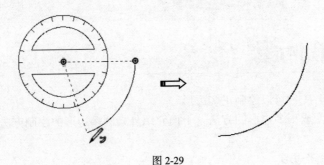

图 2-29

【例 2-11】 以"两点圆弧"方式绘制相切圆弧。

"两点圆弧"方式是根据起点、终点和凸起部分来绘制圆弧。

1．单击【圆弧】按钮 🖊，先任意绘制一段圆弧，如图 2-30 所示。

2．接着单击【两点圆弧】按钮 🖊，指定第一段圆弧的终点为第二段圆弧的起点，向上移动鼠标，当显示一段浅蓝色圆弧时，说明两圆弧已相切，单击以确定圆弧终点，如图 2-31 所示。

图 2-30                    图 2-31

3．拖动鼠标，当圆弧再次显示为浅蓝色时，说明已经捕捉到圆弧中点，单击即可完成相切圆弧的绘制，如图 2-32 所示。

图 2-32

【**例2-12**】 以"3点圆弧"方式绘制圆弧。

"3点圆弧"方式是通过定义圆弧起点、圆弧上一点和终点的方式来绘制圆弧，如图2-33所示。

【**例2-13**】 以"中心点、半径和终点"方式绘制扇形面。

"中心点、半径和终点"方式是通过定义中心点（圆心）、圆弧半径（或圆弧起点）和圆弧终点来绘制扇形面。

单击【扇形】按钮，在绘图区中依次确定圆心、圆弧起点和圆弧终点，完成扇形面的绘制，如图2-34所示。绘制方法与以"从中心和两点"方式绘制圆弧的方法相同。

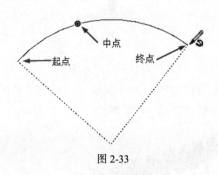

图 2-33

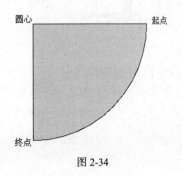

图 2-34

# 2.2 编辑工具

编辑工具包括【移动】工具、【推/拉】工具、【旋转】工具、【路径跟随】工具、【比例】工具、【镜像】工具和【偏移】工具。图2-35所示为包含这些编辑工具的【编辑】工具栏。编辑工具也会出现在大工具集中。

图 2-35

## 2.2.1 【移动】工具

利用【移动】工具可以移动和复制对象。

【**例2-14**】 利用【移动】工具复制模型。

1．打开本例源文件"树.skp"。

2．选中树模型，如图2-36所示。单击【移动】按钮，按下Ctrl键，这时鼠标指针旁多了一个"+"号，拖动鼠标复制出副本模型，如图2-37所示。

图 2-36

图 2-37

3. 继续选中模型并按 **Ctrl** 键拖动鼠标，再复制出一个副本模型，如图 2-38 所示。

4. 同理，继续复制出多个副本模型。不再复制时按空格键结束操作，最终复制完成的效果如图 2-39 所示。

图 2-38　　　　　　　　　　　　　　　　　图 2-39

【例 2-15】　复制等距模型。

1. 当复制好一个模型后，在测量数值框中输入 "/10"，按 **Enter** 键确认，即可在源模型和副本模型之间复制出间距相等的 9 个副本模型，如图 2-40 和图 2-41 所示。

图 2-40　　　　　　　　　　　　　　　　　图 2-41

2. 同理，复制好一个模型后，在测量数值框中输入 "*10" 并按 **Enter** 键确认，可再复制出间距相等的 9 个副本模型，如图 2-42 所示。

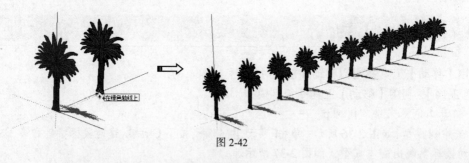

图 2-42

> **提示**
>
> 复制等矩模型在创建包含多个相同对象的模型（如栅栏、桥梁和书架）时特别有用。

## 2.2.2 【推/拉】工具

利用【推/拉】工具可以将规则形状或复杂（指形状不规则、边界曲线或多边形数目较多的平面图形）的二维面推拉成三维模型。值得注意的是，这个三维模型并非实体，内部无填充物，仅仅是封闭的曲面。一般来说，"推"能完成布尔减运算并创建出凹槽，"拉"能完成布尔求和运算并创建出凸台。

【例2-16】 推/拉出石阶模型。

下面以创建一个园林景观中的石阶模型为例，详细讲解如何推/拉出三维模型。

1．单击【矩形】按钮 ▱，在绘图区中绘制一个矩形面（在测量数值框中输入"2400，1200"并按Enter键确认），如图2-43所示。

2．单击【直线】按钮 ✐，以捕捉中心点的方式分割矩形面，如图2-44所示。

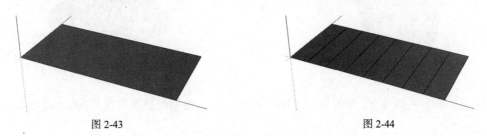

图2-43                                          图2-44

3．单击【推/拉】按钮 ♦，选取分割后的一个面，向上拉出150mm的距离（在测量数值框中输入"150"并按Enter键确认），得到第一步石阶，如图2-45所示。

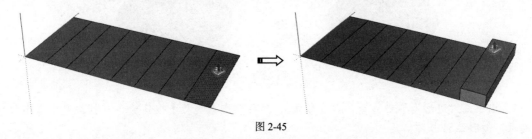

图2-45

**提示**

将一个面推/拉一定的距离后，如果在另一个面上双击，则会将该面推/拉出同样的距离。

4．同理，选择分割出的其他面依次进行拉操作，每一阶的高度差为150mm，拉出所有石阶后将侧面的直线段删除，如图2-46所示。

5．单击【颜料桶】按钮 ⊗，为石阶填充合适的材质，效果如图2-47所示。

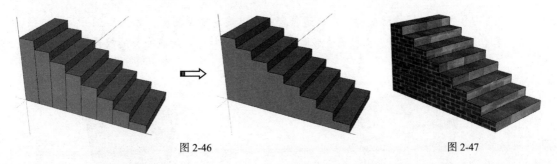

图2-46                                          图2-47

**提示**

【推/拉】工具 ♦ 只能在平面上使用。

【例 2-17】 创建放样模型。

由于 SketchUp 中没有"放样"工具可以用来创建图 2-48 所示的放样模型，因此可以利用"移动命令 +Alt 键"的方式来创建放样模型。

1. 单击【圆】按钮 ⊘，绘制一个半径为 5000mm 的圆面，如图 2-49 所示。

图 2-48                                    图 2-49

2. 单击【多边形】按钮 ⊘，捕捉圆面的中心点作为中心，绘制外接圆半径为 6000mm 的正六边形，如图 2-50 所示。

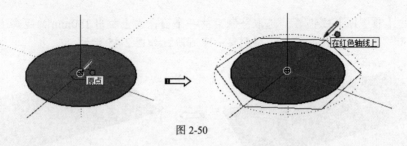

图 2-50

3. 选中正六边形（不要选择正六边形面），然后单击【移动】按钮 ✛，并捕捉其中心作为移动起点，如图 2-51 所示。

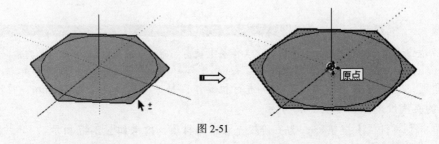

图 2-51

4. 按下 Alt 键沿 Z 轴拖动鼠标，在合适位置单击以确定模型高度，如图 2-52 所示。

5. 单击【直线】按钮 ✎，绘制多边形面将上方的洞口封闭，形成完整的放样模型，如图 2-53 所示。

图 2-52                                    图 2-53

## 2.2.3 【旋转】工具

利用【旋转】工具 ○ 可以任意角度旋转对象，在旋转的同时按 Ctrl 键还可以创建对象的副本。

【例 2-18】 旋转、复制模型。

1．打开本例源文件"中式餐桌.skp"，如图 2-54 所示。

2．选中餐椅，然后单击【旋转】按钮 ○，将量角器放置在餐桌中心点上以确定旋转顶点，如图 2-55 和图 2-56 所示。

图 2-54                      图 2-55                      图 2-56

3．放置量角器后向右水平拖出一条角度测量线，在合适位置单击确定测量起点后，再按 Ctrl 键进行旋转并复制出一个副本对象，如图 2-57 和图 2-58 所示。

图 2-57                                          图 2-58

4．在测量数值框中输入数值"30"并按 Enter 键确认，随后再输入"*12"并按 Enter 键确认，复制出相同角度且总数为 11 的模型，如图 2-59 和图 2-60 所示。

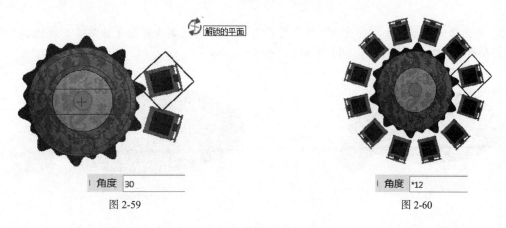

图 2-59                                          图 2-60

## 2.2.4 【路径跟随】工具

利用【路径跟随】工具 可以沿一条曲线路径扫描截面，从而创建出扫描模型。

【**例 2-19**】 创建圆环。

1．单击【圆】按钮 ，绘制一个半径为 1000mm 的圆面，如图 2-61 所示。

2．单击【视图】工具栏中的【前部】按钮 切换到前部视图。单击【圆】按钮 ，在圆的象限点上绘制一个半径为 200mm 的小圆面，形成扫描截面，如图 2-62 和图 2-63 所示。

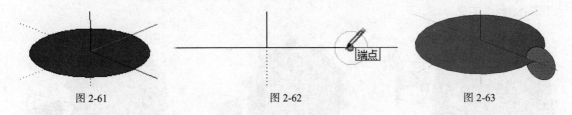

图 2-61                图 2-62                图 2-63

> **提示**
>
> 目前 SketchUp 中没有切换视图的快捷键，绘图时会有不便之处。我们可以自定义快捷键，方法：在菜单栏中执行【窗口】/【系统设置】命令，打开【SketchUp 系统设置】对话框。进入【快捷方式】设置界面，在【功能】列表框中找到【相机（C）/标准视图（S）/等轴视图（I）】选项，并在【添加快捷方式】文本框中输入 "F2" 或者按 F2 键后，单击 按钮添加快捷方式，如图 2-64 所示。其余视图的快捷键也按此方法依次设定为 F3、F4、F5、F6、F7 和 F8。可以将设置的结果导出，便于重启软件后再次打开设置文件。最后单击【好】按钮完成快捷键的定义。

图 2-64

3．先选择大圆面或大圆的边线（作为路径），接着单击【路径跟随】按钮 ，再选择小圆面作为扫描截面，如图 2-65 和图 2-66 所示。

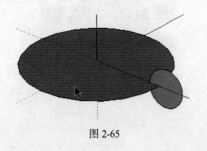
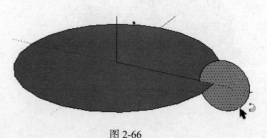

图 2-65                图 2-66

4．系统自动创建出扫描几何体，然后将中间的面删除，得到圆环，如图 2-67 所示。

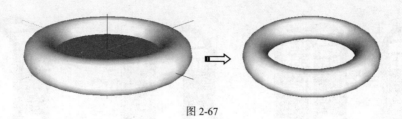

图 2-67

【例 2-20】 创建球体。

下面利用【路径跟随】工具 ⟳ 创建一个球体。

1．单击【圆】按钮 ⊙，以默认的轴测图中的坐标系原点为圆心绘制一个半径为 500mm 的圆面，如图 2-68 所示。

2．按 F4 键切换到前部视图（注意，按照前面介绍的自定义快捷键方法操作后才能有此功能），然后绘制一个半径为 500mm 的圆面，此圆面与第一个圆面的圆心重合，如图 2-69 所示。

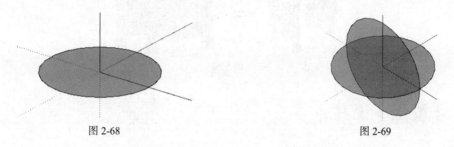

图 2-68 图 2-69

3．选择第一个圆面作为扫描路径，单击【路径跟随】按钮 ⟳，接着选择第二个圆面作为扫描截面，随后系统会自动创建一个球体，如图 2-70 所示。

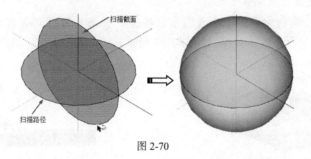

图 2-70

## 2.2.5 【比例】工具

利用【比例】工具 ▣，可以对模型进行缩放操作，配合 Shift 键可以进行等比例缩放，配合 Ctrl 键将以模型中心为原点进行轴对称缩放。

【例 2-21】 模型的缩放。

对一个凉亭模型进行缩放操作，可以自由缩放，也可以按等比例缩放，从而改变当前模型的结构。

1．打开本例源文件"凉亭.skp"。

2．在绘图区中框选组成凉亭的全部对象，单击【比例】按钮 ▣，显示缩放控制框，如图 2-71 所示。

3．在缩放控制框中任意选中一个控制点，沿着轴线拖动鼠标进行缩放操作，如图 2-72 所示。

4．缩放至合适状态后按空格键确认，完成对象的缩放操作，如图 2-73 所示。

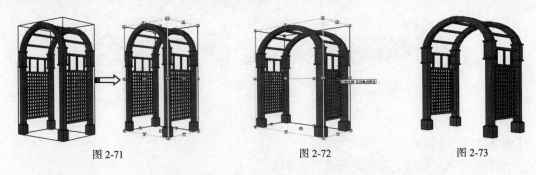

图 2-71 图 2-72 图 2-73

5．利用同样的方法拖动其他控制点来缩放对象，最后的缩放效果如图 2-74 所示。

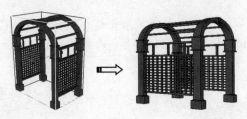

图 2-74

## 2.2.6 【镜像】工具

利用【镜像】工具⚠可以快速定向对象并创建在其对称方向上的副本。

【例 2-22】 创建镜像对象。

1．打开本例源文件"床.skp"，如图 2-75 所示。

2．在【视图】工具栏中单击【右视图】按钮 ⊡，将当前视图切换至右视图。单击【矩形】按钮 ⬚，绘制一个任意大小的矩形面，如图 2-76 所示。

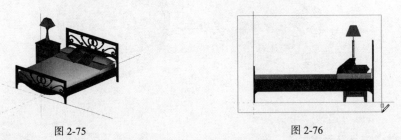

图 2-75 图 2-76

3．在【视图】工具栏中单击【轴测图】按钮 ◈，将右视图切换至轴测图。单击【镜像】按钮 ⚠，先选择床左侧的床头柜及台灯组件，接着按 Ctrl 键，并选择步骤 2 绘制的矩形面作为镜像平面，如图 2-77 所示。

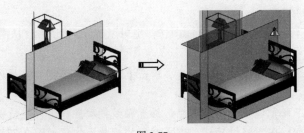

图 2-77

4．在床的另一侧自动创建镜像的床头柜及台灯组件，删除矩形面，结果如图 2-78 所示。

图 2-78

# 2.2.7 【偏移】工具

创建 3D 模型时，通常需要参考一个模型的形状来绘制稍大或稍小的形状，并使两个形状保持等距，这称为"偏移"。【偏移】工具 就是用来完成偏移操作的工具。

【例 2-23】 创建模型的偏移。

1．打开本例源文件"花坛模型.skp"，如图 2-79 所示。

2．单击【偏移】按钮 ，选择要偏移的边线，如图 2-80 所示。

图 2-79                                          图 2-80

3．拖动鼠标，向里偏移复制出一个面，如图 2-81 所示。

4．单击【推/拉】按钮 ，对偏移复制出的面进行推操作，推出一个凹槽，如图 2-82 所示。

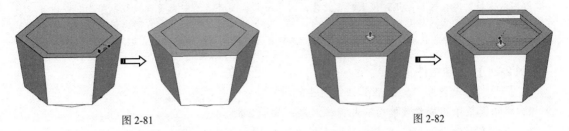

图 2-81                                          图 2-82

5．单击【颜料桶】按钮 ，为创建的花坛填充适合的材质，如图 2-83 所示。

图 2-83

# 2.3 组织模型

SketchUp 中经常出现几何对象黏接到一起的情况。为了避免这种情况发生，可以创建组件或群组。创建了组件或群组后，SketchUp 的图层系统有近似 AutoCAD 的图层功能，能提高重新作图与变换模型的效率。

## 2.3.1 创建组件

组件是场景中的多个几何对象（指点、线、面）组合成的类似于"实体"的集合。组件类似于 AutoCAD 中的图块。利用组件可以方便地重复使用已有图形中的部分内容。组件具有关联功能，在绘图区中放置组件后，其中一个组件被修改，其他相同组件的所有实例都会同步更新，如此一来，模型内标准单元的编辑就变得简单了。

> **提示**
>
> 实体内部是有填充物的，而组件只是一个几何对象集合，其内部没有填充物。可以将独立几何对象与组件一起再组合成组件。

将几何对象转为组件时，几何对象具有以下行为与功能。

- 组件是可重复使用的。
- 组件与其当前连接的任何几何对象是分离的。（这类似于群组。）
- 无论何时都可以编辑组件实例或组件定义。
- 如果愿意，可以使组件粘贴到特定平面（通过设置其粘贴平面）或在面上切割出一个孔（通过设置其切割平面）。
- 组件可以与元数据（如高级属性和 IFC 分类类型）相关联。

> **提示**
>
> 在创建组件之前，须先使几何体对象与绘图轴对齐。这一步骤至关重要，特别是当用户期望以组件的方式将几何体对象连接到其他几何体上时。此外，当用户希望组件具有粘贴平面或切割平面时，对齐操作可确保组件按照预定方式与粘贴平面或切割平面连接。例如，在地板上放置沙发时，必须确保沙发腿的底面与水平面对齐。同样，在墙上设置门或窗户时，需确保门、窗户对象与蓝色轴（通常是垂直轴）对齐。

【例 2-24】 创建组件。

1．打开本例源文件"盆栽.skp"，如图 2-84 所示。

2．框选模型中组成盆栽的所有几何体对象，如图 2-85 所示。

3．单击【创建组件】按钮 ⚙，弹出【创建组件】对话框，如图 2-86 所示。

4．在【创建组件】对话框中输入组件名称，其他选项保持默认设置，单击 创建 按钮完成组件定义，如图 2-87 所示。

创建完成的盆栽组件如图 2-88 所示。

> **提示**
>
> 当场景中没有选中的模型时，制作组件的工具呈灰色状态，即不可使用。

图 2-84

图 2-85

图 2-86

图 2-87

图 2-88

## 2.3.2 创建群组

【创建群组】命令可将多个组件或者组件与几何体组织成一个整体。群组与组件是类似的。群组可以快速创建，并且能够进行内部编辑。群组也可以嵌套在其他群组或组件中。

群组有以下优点。

- 快速选择：选择一个群组时，群组内所有的元素都将被选中。
- 几何体隔离：编组可以将群组内的几何体与其他模型中的几何体隔离，从而避免被其他几何体修改。
- 帮助组织模型：可以把几个群组再编为一个群组，创建一个分层级的群组。
- 改善性能：用群组来划分模型，可以使 SketchUp 更有效地利用计算机资源，以实现更快的绘图和显示操作。
- 材质继承：分配给群组的材质会由群组内使用默认材质的几何体继承，而指定了其他材质的几何体则保持不变。这样就可以快速地给某些特定的表面上色。（炸开群组，可以保留替换了的材质。）

创建群组的过程非常简单：在绘图区内将要创建群组的对象（包括组件、群组或几何体）选中，再执行菜单栏中的【编辑】/【创建群组】命令，或者在绘图区右击，在快捷菜单中选择【创建群组】命令。

## 2.3.3 组件、群组的编辑和操作

创建组件或群组后，可以对其进行编辑或炸开、分离操作。

### 一、编辑组件或群组

创建组件后，可以选中该组件并右击，选择快捷菜单中的【编辑组件】命令，或者直接双击组件，进入组件编辑状态，如图 2-89 所示。

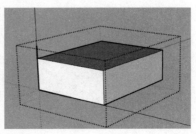
图 2-89

在编辑状态下，可以对几何体对象进行变换、应用材质和贴图及模型编辑等操作。

同理，创建群组后，也可以编辑群组对象，操作过程和结果与组件是完全相同的，如图2-90所示。

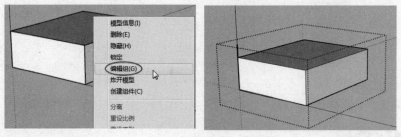

图 2-90

## 二、炸开与分离

如果不需要组件或群组了，可以右击组件或群组，在快捷菜单中选择【炸开模型】命令，撤销组件或群组。

解除黏接是针对组件的。当对一个几何体进行操作会影响其内部的组件时，可以将内部的组件分离出去。下面简单操作一下。

【例2-25】 炸开与解除黏接操作。

1．单击【圆】按钮⊙，绘制一个圆，接着在其内部绘制一个小圆，如图2-91所示。

2．双击（注意不是单击）内部的小圆，然后右击并选择快捷菜单中的【创建组件】命令，如图2-92所示，将小圆单独创建为组件（实际上包含该圆和内部的圆面）。

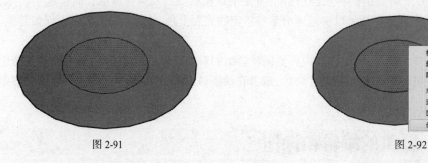

图 2-91 图 2-92

3．创建组件后会发现，当移动大圆时，小圆会一起移动，如图2-93所示。

4．选中小圆组件并右击，选择快捷菜单中的【炸开模型】命令或者【解除黏接】命令，移除组件关系，如图2-94所示。

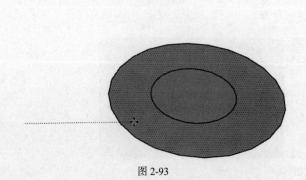
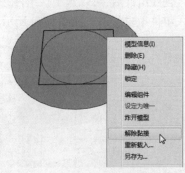

图 2-93 图 2-94

5．此时移动小圆，大圆则不会跟随，如图 2-95 所示。

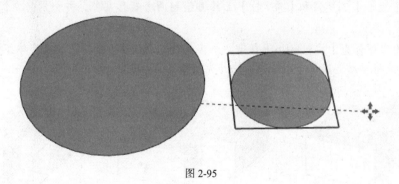

图 2-95

# 2.4 模型的布尔运算

SketchUp 的布尔运算工具仅用于实体。SketchUp 中的实体指的是任何具有有限封闭体积的 3D 模型（组件或群组），实体不能有任何裂缝（平面缺失或平面间存在缝隙）。

默认情况下，利用【绘图】工具栏和【编辑】工具栏中的工具建立的几何体对象仅仅是一个封闭的面，还不算实体。例如，利用【圆】工具 ⊘ 和【推 / 拉】工具 ◈ 建立的圆柱体实际上是由 3 个面连接而成的模型，每个面都是独立的，可以单独删除。若要将其变成实体，只需将这些面合并成组件或者群组，如图 2-96 所示。

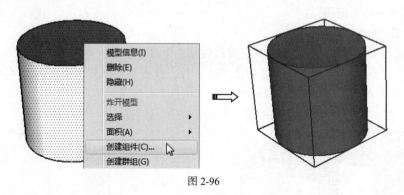

图 2-96

| 提示 |

群组是多个组件的集合，等同于"部件"或"零件"。组件是 SketchUp 中多个几何对象的集合，等同于"几何体特征"，而点、线及面则称为几何对象。

实体工具是用于实体之间的布尔运算工具。实体工具包括【实体外壳】工具 ⧉、【交集】工具 ⧉、【并集】工具 ⧉、【差集】工具 ⧉、【修剪】工具 ⧉ 和【拆分】工具 ⧉。图 2-97 所示为【实体工具】工具栏。

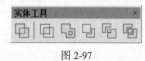

图 2-97

## 2.4.1 【实体外壳】工具

【实体外壳】工具 ⧉ 用于删除和清除位于交叠组件或组件内部的几何图形（保留所有外表面）。

【例2-26】 创建实体外壳。

1．利用【矩形】工具◪和【推/拉】工具◆绘制两个矩形实体，并分别将它们创建为组件，如图2-98所示。

2．单击【实体外壳】按钮⬒，选择第一个实体组件，接着再选择第二个实体组件，如图2-99所示。随后系统将自动创建包含两个实体的外壳，如图2-100所示。

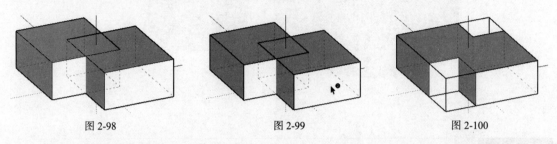

图2-98                    图2-99                    图2-100

**提示**

如果将鼠标指针放在组件之外，鼠标指针会变成带有圆圈和斜线的箭头形状↖⊘；如果将鼠标指针放在组件内，鼠标指针会变成带有数字的箭头形状↖①。

## 2.4.2 【交集】工具

交集是指在几何空间中，两个或多个实体相交或重叠的部分。通过对这些实体进行交集运算，可以得到交集部分的几何图形。

【例2-27】 创建交集。

1．同样以两个矩形实体组件为例，在后边线样式下进行操作，如图2-101所示。

2．单击【交集】按钮⬒，选择第一个实体组件，接着再选择第二个实体组件，随后系统将自动创建交集部分的实体，如图2-102所示。

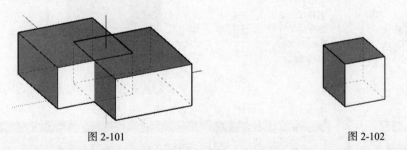

图2-101                                    图2-102

## 2.4.3 【并集】工具

并集是指将两个或多个实体合并为一个实体。并集的结果类似于实体外壳的结果，不过，并集的结果可以包含内部几何对象，而实体外壳的结果只能包含外部表面。

【例2-28】 创建并集。

1．同样以两个矩形实体组件为例，在后边线样式下进行操作，如图2-103所示。

2．单击【并集】按钮⬒，选择第一个实体组件，接着再选择第二个实体组件，随后两个实体组件自动合并为一个完整实体组件，如图2-104所示。

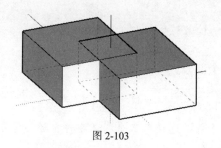

图 2-103

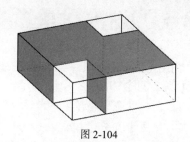

图 2-104

## 2.4.4 【差集】工具

【差集】工具 用于将一个群组或组件的几何图形与另一个群组或组件的几何图形进行合并，然后从结果中移除第一个群组或组件。只有当两个群组或组件彼此交叠时才能执行差集操作，并且差集的结果取决于群组或组件的选择顺序。

【例 2-29】 创建差集。

1．同样以两个矩形实体组件为例，在后边线样式下进行操作，如图 2-105 所示。

2．单击【差集】按钮 ，选择第一个实体组件（作为被删除部分），接着再选择第二个实体组件（作为主体对象），随后系统将自动完成差集运算，如图 2-106 所示。

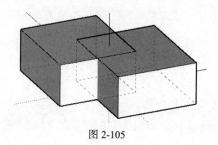

图 2-105

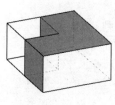

图 2-106

## 2.4.5 【修剪】工具

【修剪】工具 用于将一个群组或组件的几何图形与另一个群组或组件的几何图形进行合并修剪，只保留交叠部分的几何图形。与【差集】工具 不同的是，第一个群组或组件会保留在修剪的结果中，修剪效果也取决于群组或组件的选择顺序。

【例 2-30】 修剪。

1．同样以两个矩形实体组件为例，在后边线样式下进行操作，如图 2-107 所示。

2．单击【修剪】按钮 ，选择第一个实体组件（作为被修剪对象），接着再选择第二个实体组件（作为主体对象），随后系统将自动完成修剪操作，如图 2-108 所示。

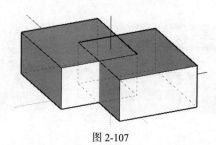

图 2-107

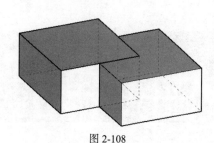

图 2-108

## 2.4.6 【拆分】工具

利用【拆分】工具🔲可将交叠的几何对象分割为3个部分。

【例2-31】 拆分。

1．同样以两个矩形实体组件为例，在后边线样式下进行操作，如图2-109所示。

2．单击【拆分】按钮🔲，选择第一个实体组件，接着再选择第二个实体组件，随后系统将自动完成拆分操作，结果如图2-110所示。

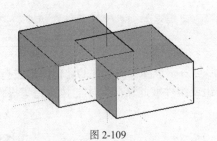

图2-109

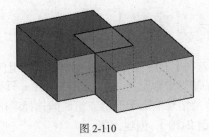

图2-110

# 2.5 照片匹配建模

利用照片匹配功能可以将照片与模型进行匹配，创建外形简易的模型。在菜单栏中执行【窗口】/【默认面板】/【照片匹配】命令，在默认面板中显示【照片匹配】卷展栏，如图2-111所示。

【例2-32】 照片匹配建模。

下面以一张简单的建筑照片为例进行照片匹配建模的操作。

1．在默认面板的【照片匹配】卷展栏中单击⊕按钮，如图2-112所示，从本例源文件夹中打开"建筑照片.jpg"图像文件。

图2-111

图2-112

2．调整红色、绿色的控制点，右击并选择快捷菜单中的【完成】命令，如图2-113所示，鼠标指针变成一支笔。

图2-113

3．绘制模型轮廓，使它形成一个面，如图 2-114 所示。

图 2-114

**提示**

绘制封闭的曲线后会自动创建一个面来填充封闭曲线。

4．在【照片匹配】卷展栏中单击 从照片投影纹理 按钮，将纹理投射到模型上。选择场景左上方的【照片】标签，右击并选择快捷菜单中的【删除】命令，将照片删除，如图 2-115 所示。

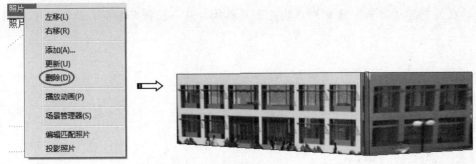

图 2-115

5．单击【直线】按钮 ✎，在顶部绘制封闭面，这样就形成了一个简单的照片匹配模型，如图 2-116 所示。

图 2-116

# 2.6　综合案例

　　本节将通过几个典型的案例来展示如何使用 SketchUp 进行模型的创建和编辑。这些案例包括从基本几何形状的创建到复杂模型的编辑的各种操作技巧，旨在帮助读者更好地理解和掌握 SketchUp 的使用方法。

## 2.6.1 案例1：绘制太极图案

本案例主要利用【两点圆弧】工具 ✐、【圆】工具 ◷ 及【颜料桶】工具 ⊗ 进行图案的绘制。图 2-117 所示为效果图。

1．单击【两点圆弧】按钮 ✐，绘制一段弦长为 1000mm、弧高为 500mm 的圆弧（通过测量数值框输入精确值来绘制），如图 2-118 所示。

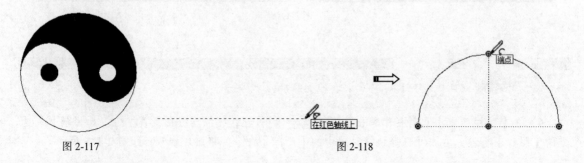

图 2-117　　　　　　　　　　　图 2-118

2．继续绘制相切圆弧，其弦长参数及弧高参数与第一段圆弧相同，绘制结果如图 2-119 所示。

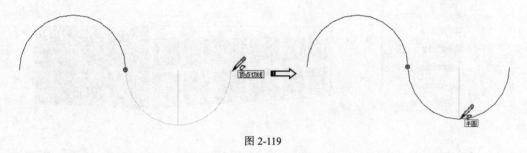

图 2-119

3．单击【圆】按钮 ◷，以相切点为中心绘制一个圆面（边数为 36），使它被圆弧分割成两个部分，如图 2-120 所示。

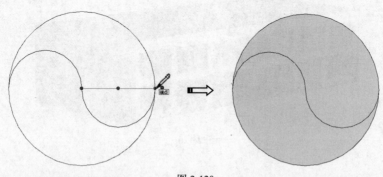

图 2-120

4．单击【圆】按钮 ◷，分别在两个圆弧中心位置绘制一个半径为 150mm 的小圆，如图 2-121 所示。

5．单击【颜料桶】按钮 ⊗，在默认面板的【材质】卷展栏中选择黑色与白色来填充相应的面，效果如图 2-122 所示。

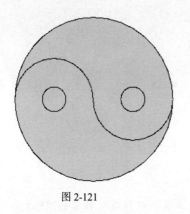

图 2-121

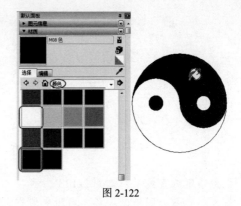

图 2-122

## 2.6.2　案例 2：创建雕花模型

本案例将导入一张 AutoCAD 雕花图纸来创建雕花模型。图 2-123 所示为模型效果图。

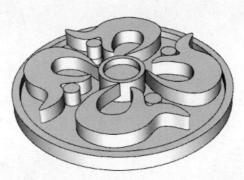

图 2-123

1．在菜单栏中执行【文件】/【导入】命令，打开【导入】对话框。在文件类型下拉列表中选择【AutoCAD 文件（*.dwg，*.dxf）】选项，然后选择要打开的图纸文件，单击【导入】按钮，如图 2-124 所示。

2．在弹出的【导入结果】对话框中单击【关闭】按钮关闭该对话框，如图 2-125 所示。导入的图案如图 2-126 所示。

图 2-124

图 2-125

图 2-126

3．导入的图案是一个组件，需要将其炸开为曲线。选中图案并右击，在快捷菜单中选择【炸开模型】命令，将图案炸开。

4．单击【直线】按钮 ✎，在图案内部依次绘制多条直线段进行图案填充，如图 2-127 所示。

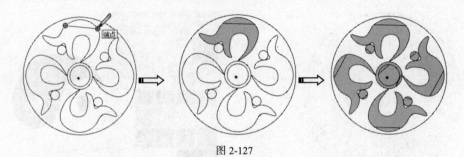

图 2-127

5．删除绘制的直线段，如图 2-128 所示。

6．同理，参考大圆绘制一条直线段来填充大圆，然后将直线段删除，效果如图 2-129 所示。

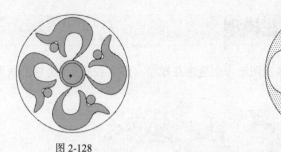

图 2-128                    图 2-129

7．单击【偏移】按钮，将大圆向外偏移复制，偏移距离为 100mm，如图 2-130 所示。

8．单击【推 / 拉】按钮，将内部 4 个图案和 4 个圆向上拉出 200mm，如图 2-131 所示。

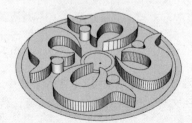

图 2-130                    图 2-131

9．依次选取偏移复制的圆和大圆，向下分别拉出 200mm 和 100mm 以形成台阶，如图 2-132 所示。

10．依次选取中间的两个圆面（先选取外圆），向上分别拉出 200mm 和 100mm，结果如图 2-133 所示。

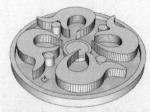
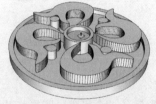

图 2-132                    图 2-133

11．选中模型，在菜单栏中执行【窗口】/【柔化边线】命令，通过【柔化边线】卷展栏对边线进行柔化，结果如图 2-134 所示。

图 2-134

提示

创建复杂图案的封闭面时，需要读者有足够的耐心，描边时要仔细，一条线没有连接上，就无法创建一个面。若遇到无法创建面的情况，可以尝试将导入的直线段删掉，重新绘制直线段并连接。

## 2.6.3 案例3：创建镂空墙体

本案例主要利用绘图工具、实体工具创建镂空墙体模型。图 2-135 所示为效果图。

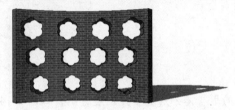

图 2-135

1．单击【圆弧】按钮，绘制一段弦长为 5000mm、弧高为 1850mm 的圆弧，如图 2-136 所示。
2．绘制第二段圆弧（弦长为 5000mm、弧高为 1000mm），该圆弧与第一段圆弧相交并形成封闭区域，如图 2-137 所示。

图 2-136                                    图 2-137

3．单击【直线】按钮，绘制两条直线段来打断面，将多余的面删除，如图 2-138 和图 2-139 所示。

图 2-138                                    图 2-139

4．单击【推／拉】按钮，将面向上拉出 3000mm，形成墙体，如图 2-140 所示。
5．单击【圆】按钮，绘制一个半径为 300mm 的圆面，如图 2-141 所示。

6. 单击【圆弧】按钮 ，沿圆面边缘绘制圆弧并与之相连接，然后利用【旋转】工具 对圆弧进行旋转复制，如图 2-142 和图 2-143 所示。

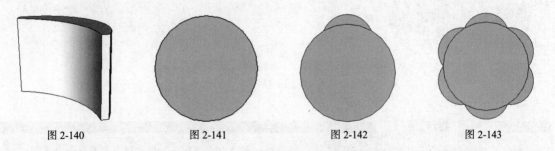

图 2-140          图 2-141          图 2-142          图 2-143

7. 单击【删除】按钮 ，将圆形删除，如图 2-144 所示。

8. 单击【推/拉】按钮 ，将形状拉出 1500mm 形成体，如图 2-145 所示。

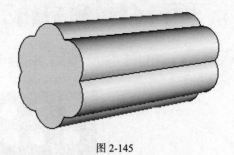

图 2-144                          图 2-145

9. 将墙体和上一步拉出的形状体分别选中并创建群组，如图 2-146 和图 2-147 所示。

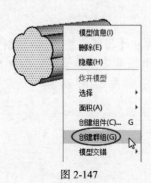

图 2-146                          图 2-147

10. 单击【移动】按钮 ，将形状体群组移到墙体群组上，如图 2-148 所示。

11. 继续进行移动操作，重复多次按 Ctrl 键复制出多个形状体群组，结果如图 2-149 所示。

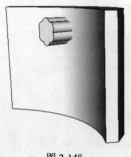

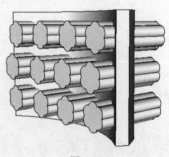

图 2-148                          图 2-149

12．单击【比例】按钮 ，对复制出的形状体群组进行缩放，如图 2-150 所示。

13．单击【差集】按钮 ，选中第一个形状体群组，如图 2-151 所示。

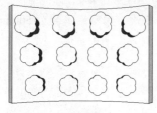

图 2-150

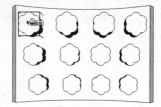

图 2-151

14．选中墙体群组，如图 2-152 所示。两个群组产生的差集效果如图 2-153 所示。

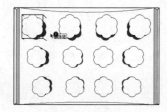

图 2-152

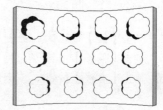

图 2-153

15．利用同样的方法，依次对墙体群组和形状体群组进行差集运算，形成镂空墙体，如图 2-154 所示。

16．对镂空墙体填充合适的材质，如图 2-155 所示。

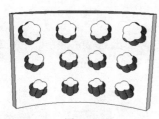

图 2-154

图 2-155

## 2.6.4　案例 4：创建花形窗户

本案例主要利用绘图工具制作花形窗户，效果如图 2-156 所示。

图 2-156

1．利用【直线】工具  和【两点圆弧】工具 ，绘制两条长度各为 200mm 的直线段和一条弦长为500mm、弧高为200mm的圆弧，并将它们连接在一起，如图2-157所示。

2．依次绘制其他相同的三边形状。方法：利用【旋转】工具 ↻ 和【移动】工具 ✛ 先旋转复制，再平移到相应位置，结果如图2-158所示。曲线完全封闭后会自动创建一个填充面。

3．选中填充面，单击【偏移】按钮 ⁂，将其向里偏移复制3次，偏移距离均为50mm，如图2-159所示。

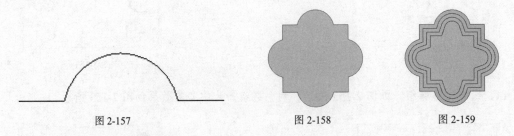

图2-157　　　　　　图2-158　　　　　　图2-159

4．单击【圆】按钮 ⊙，绘制一个半径为50mm的圆，如图2-160所示。

5．单击【偏移】按钮 ⁂，将圆向外偏移复制，偏移距离为15mm，如图2-161所示。

6．单击【直线】按钮 ✎，绘制图2-162所示的形状。

图2-160　　　　　　图2-161　　　　　　图2-162

7．单击【推/拉】按钮 ♦，先将图2-163所示的面向箭头方向推出60mm；接着将图2-164所示的面向箭头方向拉出60mm；最后将图2-165所示的面向箭头方向拉出30mm。

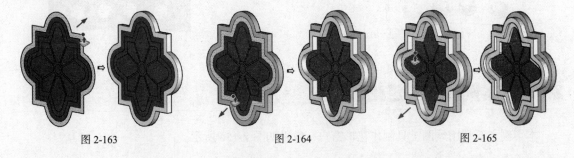

图2-163　　　　　　图2-164　　　　　　图2-165

8．单击【推/拉】按钮 ♦，将图2-166所示的面向箭头方向拉出20mm形成窗框。最后给模型表面填充玻璃、铝合金和砖墙的材质，效果如图2-167所示。

图2-166　　　　　　图2-167

## 2.6.5  案例5：创建小房子

本案例主要利用绘图工具制作一个小房子模型，效果如图2-168所示。

图 2-168

1．单击【矩形】按钮 ▱，绘制一个长为5000mm、宽为6000mm的矩形，如图2-169所示。

2．单击【推/拉】按钮 ✥，将矩形向上拉出3000mm得到一个立方体，如图2-170所示。

图 2-169

图 2-170

3．单击【直线】按钮 ✎，在立方体的矩形顶面上捕捉短边的中点绘制一条中心线，如图2-171所示。

4．单击【移动】按钮 ✛，将绘制的中心线往蓝色轴方向垂直向上移动2500mm，如图2-172所示。

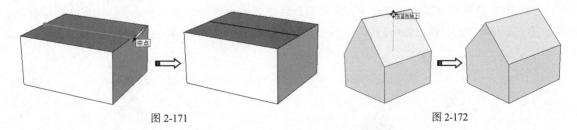

图 2-171

图 2-172

5．单击【推/拉】按钮 ✥，分别将形成房顶的两个斜面往法线方向拉（箭头方向），拉出距离均为200mm，如图2-173所示。

6．继续推拉操作，分别将图2-174所示的房子左右两个立面往内（箭头方向）推，推出距离为200mm。

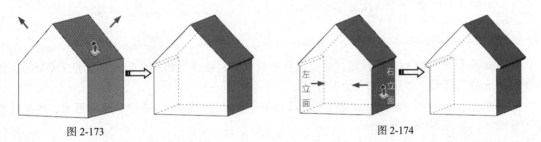

图 2-173

图 2-174

7．在【视图】工具栏中单击【前部】按钮🏠切换到前部视图，按 Ctrl 键选中房顶的两条边，再单击【偏移】按钮⌀，将选中的两条边向里偏移复制，偏移距离为 200mm，将房子的前立面分割，如图 2-175 所示。

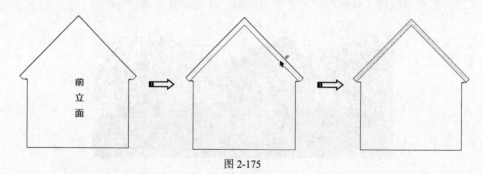

图 2-175

8．单击【推／拉】按钮♦，对偏移复制出来的分割面往外拉，拉出距离为 400mm，拉出的部分面为房顶的端面，如图 2-176 所示。

9．切换到【返回】视图后，对房子的后立面也进行相同的偏移复制与拉出操作，拉出房顶的另一个端面，结果如图 2-177 所示。

图 2-176

图 2-177

10．右击房子前立面的底部边线，在弹出的快捷菜单中选择【拆分】命令，接着在测量数值框内输入分段数 "3"，按 Enter 键确认后系统自动将底部边线拆分为 3 段，如图 2-178 所示。

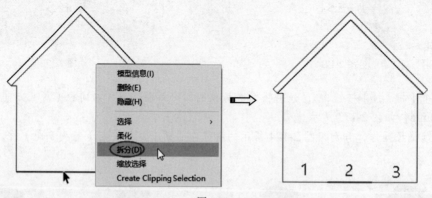

图 2-178

11．单击【矩形】按钮▱，捕捉底边的拆分段端点，在房子的前立面绘制高为 2500mm、宽为 1500mm 的门框面，如图 2-179 所示。

12．单击【推／拉】按钮♦，将绘制的门框面往里推出 200mm，随后删除门框面，可看到房子内部空间，如图 2-180 所示。

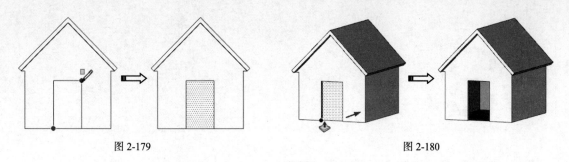

图 2-179　　　　　　　　　　　　　　　　　　　　图 2-180

13．单击【圆】按钮 ，分别在房子的左右两个立面上绘制相同的圆，直径均为 1200mm，如图 2-181 所示。

14．单击【偏移】按钮 ，将绘制的圆向外偏移复制 50mm 以得到圆环面，如图 2-182 所示。

15．单击【推／拉】按钮 ，将圆环面往墙外拉出 100mm，形成圆形凸起窗框，如图 2-183 所示。

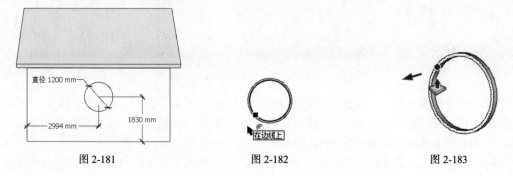

图 2-181　　　　　　　　　　图 2-182　　　　　　　　　　图 2-183

16．切换到顶视图，单击【矩形】按钮 ，绘制矩形地面，尺寸不限定，结果如图 2-184 所示。

17．为房子的各个面填充合适的材质，再为门框添加一个门组件，结果如图 2-185 所示。

18．最后在场景中添加人物、植物等组件，如图 2-186 所示。

图 2-184　　　　　　　　　　图 2-185　　　　　　　　　　图 2-186

# 第3章

# 应用材质与贴图

SketchUp 的材质主要包括颜色、纹理、漫反射和光泽度、反射与折射、透明度、自发光等属性。材质在 SketchUp 中应用广泛，给一个普通的模型填充丰富多彩的材质后，模型会变得更生动。贴图是将外部的图像文件（如 JPEG、PNG 等格式）应用到模型表面的一种方法。该方法能够极大地增强模型的真实感，尤其是对于一些复杂的纹理，如人物图案、复杂的花纹等，通过使用合适的贴图可以快速而有效地达到逼真的视觉效果。

## 3.1 应用材质

前面使用过材质对模型进行填充操作，本节将介绍如何导入材质及应用材质，如何利用材质生成器将图片转换成材质等。

【例 3-1】 导入材质。

这里以一组下载好的外界材质为例，讲解如何导入外界材质。

1. 在默认面板中打开【材质】卷展栏，如图 3-1 所示。

2. 单击【详细信息】按钮 ，在弹出的菜单中选择【打开和创建材质库】命令，如图 3-2 所示。

图 3-1

图 3-2

3. 在弹出的【选择集合文件夹或创建新文件夹】对话框中，从本例源文件夹中找到 "SketchUp 材质" 文件夹并选中，单击【选择文件夹】按钮，如图 3-3 所示。

SketchUp 材质库被导入【材质】卷展栏，如图 3-4 所示。

图 3-3

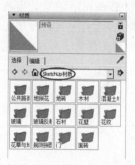

图 3-4

【例 3-2】 生成材质。

除了系统自带的材质，用户还可以下载、添加材质，或者利用材质生成器自制材质。材质生成器是一个用户可自行下载的插件，它可以将 .jpg、.bmp 等格式的素材图片转换成 .skm 格式，以便在 SketchUp 中直接使用。

1．在本例源文件夹中双击 SKMList.exe 程序，弹出【SketchUp 材质库生成工具】对话框，单击 Path ... 按钮，如图 3-5 所示。

2．在弹出的【浏览文件夹】对话框中，从本例源文件夹中找到并选中"地拼砖"文件夹，单击【确定】按钮，如图 3-6 所示。

图 3-5

图 3-6

"地拼砖"文件夹中的图片被自动添加到材质生成器中，如图 3-7 所示。

3．单击 Save ... 按钮，弹出【另存为】对话框。新建一个文件夹用以存放转换的材质文件，为转换的材质文件命名"地拼砖"，单击【保存】按钮，如图 3-8 所示。

图 3-7

图 3-8

4．保存材质文件后关闭材质库生成工具。

5．在 SketchUp 的默认面板中打开【材质】卷展栏，利用之前讲过的方法导入材质，图 3-9 所示为已经添加好材质的材质文件夹。

6．双击文件夹，可以看到导入的材质，如图 3-10 所示。

图 3-9

图 3-10

**【例 3-3】** 应用材质。

将之前导入的 SketchUp 材质应用到模型中。

1．打开本例源文件"茶壶.skp"，如图 3-11 所示。

2．打开默认面板中的【材质】卷展栏,在材质下拉列表中选择之前导入的【SketchUp 材质】文件夹，如图 3-12 所示。

图 3-11

图 3-12

3．在绘图区中框选模型,如图 3-13 所示,然后在【材质】卷展栏中选择一种花纹材质,如图 3-14 所示。

图 3-13

图 3-14

4．将鼠标指针移到模型上并单击，随即自动填充材质，如图 3-15 和图 3-16 所示。

图 3-15

图 3-16

5．填充效果不理想，在【编辑】选项卡中修改纹理尺寸，如图 3-17 所示，结果如图 3-18 所示。

图 3-17

图 3-18

6．利用拾色器选择新的颜色，如图 3-19 所示，效果如图 3-20 所示。

图 3-19

图 3-20

# 3.2 应用贴图

在 SketchUp 中，贴图的主要作用是将图像进行平铺。这就意味着在进行上色操作时，可以选择将图案或图形以垂直或水平的方式应用到任何实体上。SketchUp 提供了两种贴图模式，即固定图钉模式和自由图钉模式，图钉用于控制贴图的坐标和方向。

## 3.2.1 固定图钉模式

在固定图钉模式下，每个图钉都具有特定的功能。通过固定一个或多个图钉，可以按比例缩放、旋转、剪切和扭曲贴图。在贴图上单击时，应确保选择固定图钉模式，并注意每个图钉旁边都有一个图标。这些图标代表了应用于贴图的不同功能，而这些功能仅在固定图钉模式下有效。

### 一、固定图钉

图 3-21 所示为固定图钉模式。

- ⊕：拖动此图钉可移动贴图。
- ：拖动此图钉可调整纹理比例和旋转贴图。
- ：拖动此图钉可调整纹理比例和剪切贴图。
- ：拖动此图钉可扭曲贴图。

### 二、图钉快捷菜单

图 3-22 所示为图钉快捷菜单。

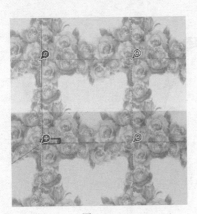

图 3-21

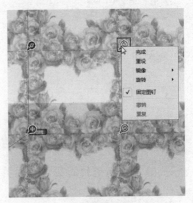

图 3-22

- 完成：退出并保存当前贴图坐标。
- 重设：重置贴图坐标。
- 镜像：水平（左/右）或垂直（上/下）翻转贴图。
- 旋转：可以在预设的角度里旋转贴图，如 90°、180° 或 270°。
- 固定图钉：用于切换固定图钉模式与自由图钉模式。勾选即为固定图钉模式，取消勾选则为自由图钉模式。
- 撤销：撤销最后一个贴图坐标的操作。
- 重复：重复执行上一个命令，还可以取消撤销操作。

## 3.2.2 自由图钉模式

要切换到自由图钉模式，只需在图钉快捷菜单中取消勾选【固定图钉】命令即可。在自由图钉模式下操作起来比较自由，不受约束，用户可以根据需要自由调整贴图，但相对来说没有固定图钉模式方便。图 3-23 所示为自由图钉模式。

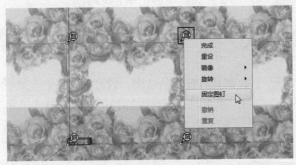

图 3-23

## 3.2.3 贴图技法

贴图技法大致可分为平面贴图、转角贴图、投影贴图、球面贴图等，每一种贴图技法都有其巧妙之处,掌握了这几种贴图技法,就能充分发挥贴图的最大功能。

【例3-4】 平面贴图。

平面贴图只能对具有平面的模型进行贴图,下面以一个实例讲解平面贴图的方法。

1.打开本例源文件"立柜门.skp",如图3-24所示。

2.打开默认面板中的【材质】卷展栏,给立柜门填充一种花纹材质,如图3-25和图3-26所示。

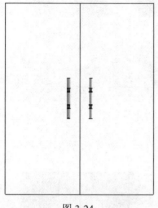
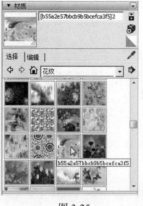

图3-24                      图3-25                      图3-26

3.选中右侧门上的贴图,右击并选择快捷菜单中的【纹理】/【位置】命令,切换到贴图的固定图钉模式,如图3-27和图3-28所示。

图3-27                                 图3-28

4.根据之前所讲的图钉功能,调整贴图的4个图钉,调整后右击并选择快捷菜单中的【完成】命令,如图3-29所示,效果如图3-30所示。

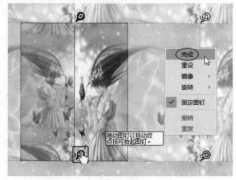

图3-29                                 图3-30

5．选中左侧门上的贴图，右击并选择快捷菜单中的【纹理】/【位置】命令，然后进行贴图比例及位置的调整，如图 3-31 和图 3-32 所示。

图 3-31

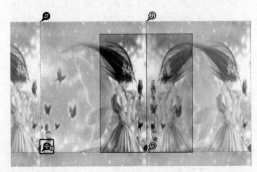

图 3-32

6．调整完后右击并选择快捷菜单中的【完成】命令，如图 3-33 所示，效果如图 3-34 所示。

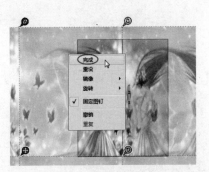

图 3-33

图 3-34

**提示**

贴图只能在标准视图平面中进行。在贴图过程中按 Esc 键，可以结束贴图操作。在贴图过程中，可使用右键快捷菜单中的【撤销】命令恢复到前一个操作。

【例 3-5】 转角贴图。

转角贴图能使模型转角处的贴图无缝连接，从而使贴图效果更加均匀。

1．打开本例源文件"柜子.skp"，如图 3-35 所示。

2．打开【材质】卷展栏，给柜子填充一种花纹材质，如图 3-36 和图 3-37 所示。

图 3-35

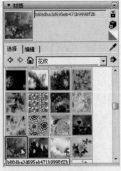

图 3-36

3．选中贴图，右击并选择快捷菜单中的【纹理】/【位置】命令，如图 3-38 所示。

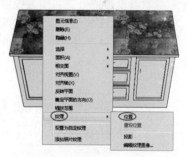

图 3-37　　　　　　　　　　　　　　　　　图 3-38

4．在固定图钉模式下调整图钉位置，如图 3-39 所示。调整完成后右击并选择快捷菜单中的【完成】命令，如图 3-40 所示。

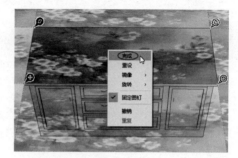

图 3-39　　　　　　　　　　　　　　　　　图 3-40

5．单击【颜料桶】按钮 并按 Alt 键，鼠标指针变成吸管形状，对刚才调整的贴图进行吸取，如图 3-41 所示。

6．吸取贴图后对相邻的面应用贴图，形成贴图无缝连接的效果，如图 3-42 所示。

图 3-41　　　　　　　　　　　　　　　　　图 3-42

7．依次对柜子的其他地方应用贴图，效果如图 3-43 和图 3-44 所示。

图 3-43　　　　　　　　　　　　　　　　　图 3-44

【例 3-6】 投影贴图。

投影贴图以投影的方式将图案投射到模型上。

1．打开本例源文件"咖啡桌.skp"，如图 3-45 所示。

2．在菜单栏中执行【文件】/【导入】命令，导入图片"图案 4.jpg"。将导入的图片置于模型的正上方，如图 3-46 所示。

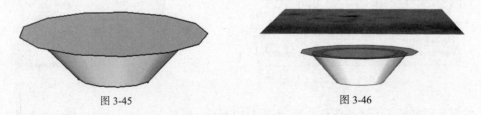

图 3-45                          图 3-46

3．同时选中模型和图片，右击并选择快捷菜单中的【炸开模型】命令，如图 3-47 所示。

4．右击图片并选择快捷菜单中的【纹理】/【投影】命令，如图 3-48 所示。

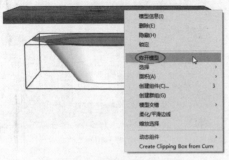  

图 3-47                          图 3-48

5．在【样式】工具栏中单击【X 射线】按钮，以 X 射线样式显示模型，方便查看投影效果，如图 3-49 所示。

6．打开【材质】卷展栏，单击【样本颜料】按钮，吸取图片贴图，如图 3-50 所示。

图 3-49                          图 3-50

7．选中模型并应用贴图，如图 3-51 所示。

8．取消 X 射线样式，删除图片得到最终的效果，如图 3-52 所示。

图 3-51                          图 3-52

【例 3-7】 球面贴图。

球面贴图同样以投影的方式将图案投射到球面上。

1．绘制一个球体和一个矩形面，矩形面的边长与球体的最大圆截面的周长相等，如图 3-53 所示。

2．在【材质】卷展栏的【编辑】选项卡下导入本例源文件夹中的"地球图片.jpg"，将其填充到矩形面上，如图 3-54 和图 3-55 所示。

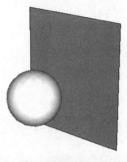

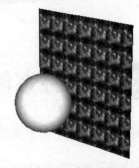

图 3-53　　　　　　　　　图 3-54　　　　　　　　　图 3-55

3．填充的贴图不均匀，右击贴图并选择快捷菜单中的【纹理】/【位置】命令，开启固定图钉模式，然后调整贴图，如图 3-56 和图 3-57 所示。

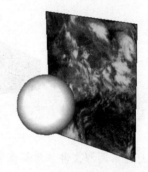

图 3-56　　　　　　　　　　　　　　　图 3-57

4．在矩形面上右击并选择快捷菜单中的【纹理】/【投影】命令，如图 3-58 所示。

5．单击【材质】卷展栏中的【样本颜料】按钮，吸取矩形面的贴图，如图 3-59 所示。

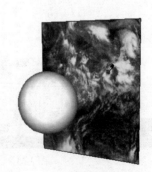

图 3-58　　　　　　　　　　　　　　　图 3-59

6．单击球面填充贴图，如图 3-60 所示。最后将图片删除，得到图 3-61 所示的效果。

图 3-60

图 3-61

# 3.3 综合案例

介绍贴图技法后，接下来讲解几个案例的操作，帮助读者更加灵活地应用材质和贴图。

## 3.3.1 案例 1：填充房屋材质

本案例主要利用材质工具对一个房屋模型填充合适的材质。图 3-62 所示为效果图。

图 3-62

1．打开本例源文件"房屋模型.skp"，如图 3-63 所示。

2．如果默认面板中没有显示【材质】卷展栏，可在菜单栏中执行【窗口】/【默认面板】/【材质】命令，打开【材质】卷展栏，如图 3-64 所示。

图 3-63

图 3-64

3．在【材质】卷展栏的【选择】选项卡中选择【复古砖 01】材质，将其填充给墙体，如图 3-65 所示。

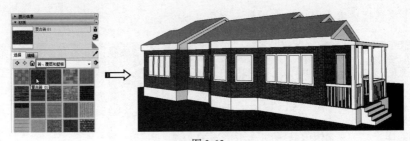

图 3-65

4．如果填充的材质纹理过大或者过小，可以在【编辑】选项卡中修改纹理尺寸，如图 3-66 所示。

图 3-66

5．分别选择【人造草被】和【沥青屋顶瓦】材质，用以填充地面和屋顶，如图 3-67 所示。

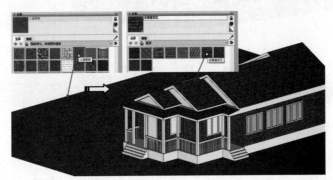

图 3-67

6．分别选择【颜色适中的竹木】【带阳极铝的金属】【染色半透明玻璃】和【大理石石材】材质，用以填充门、窗框、窗户玻璃和结构柱，如图 3-68 所示。

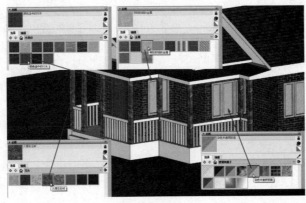

图 3-68

7．选择【原色樱桃木】材质填充栏杆，如图 3-69 所示。

图 3-69

8．选择【大理石】材质填充地板、台阶及房屋地基层的外墙面，如图 3-70 所示。

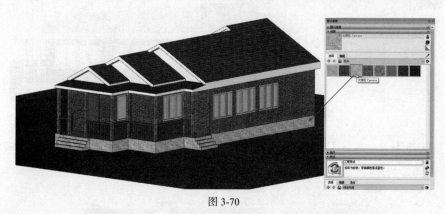

图 3-70

## 3.3.2　案例 2：创建瓷盘贴图

本案例主要利用材质工具和固定图钉功能来创建瓷盘贴图。

1．打开本例源文件"瓷盘.skp"，如图 3-71 所示。

2．在【材质】卷展栏的【编辑】选项卡中导入配套资源中的"图案 1.bmp"图片，填充自定义材质，如图 3-72 和图 3-73 所示。

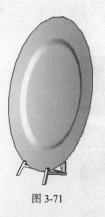

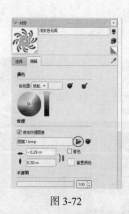

图 3-71　　　　　　　图 3-72　　　　　　　　　　图 3-73

3．在菜单栏中执行【视图】/【隐藏物体】命令，将模型以虚线显示，整个模型面被均分为多份，如图 3-74 所示。

4．右击其中一份，选择快捷菜单中的【纹理】/【位置】命令，开启固定图钉模式。调整贴图后右击，选择快捷菜单中的【完成】命令，完成贴图的调整，如图3-75～图3-77所示。

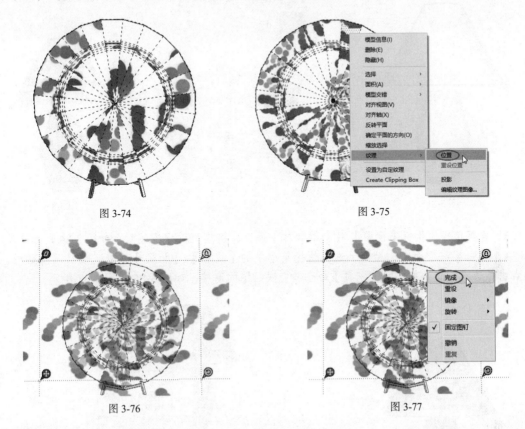

图 3-74　　　　　　　　　　　　图 3-75

图 3-76　　　　　　　　　　　　图 3-77

5．在【材质】卷展栏中单击【样本颜料】按钮 🖊，吸取调整好的贴图，如图3-78所示。然后依次对模型的其余部分进行填充，如图3-79所示。

6．再次执行菜单栏中的【视图】/【隐藏物体】命令，将虚线取消，效果如图3-80所示。

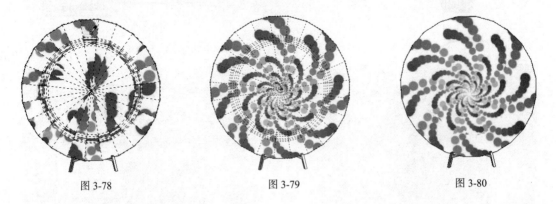

图 3-78　　　　　　　　　　图 3-79　　　　　　　　　　图 3-80

## 3.3.3　案例3：创建台灯贴图

本案例主要使用纹理图像和隐藏物体功能来创建台灯贴图。

1．打开本例源文件"台灯.skp"，如图3-81所示。

2．在【材质】卷展栏的【编辑】选项卡中导入配套资源中的"图案2.bmp"图片，填充自定义材质，如图 3-82 和图 3-83 所示。

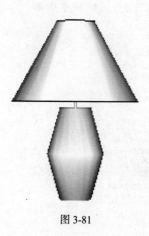

图 3-81

图 3-82

图 3-83

3．在菜单栏中执行【视图】/【隐藏物体】命令，将模型以虚线显示，如图 3-84 所示。

4．右击某一个面中的贴图，选择快捷菜单中的【纹理】/【位置】命令，然后调整贴图，最后右击并选择快捷菜单中的【完成】命令，完成贴图的调整，如图 3-85 ~ 图 3-87 所示。

图 3-84

图 3-85

图 3-86

图 3-87

5．单击【样本颜料】按钮，吸取调整好的贴图，然后依次填充到其他面上，如图 3-88 和图 3-89 所示。

6．在菜单栏中执行【视图】/【隐藏物体】命令，将虚线取消，效果如图 3-90 所示。

图 3-88

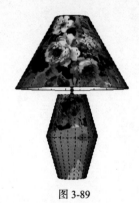
图 3-89

图 3-90

# 3.3.4 案例4：创建花瓶贴图

本案例主要使用纹理图像和隐藏物体功能来创建花瓶贴图。

1．打开本例源文件"花瓶.skp"，如图 3-91 所示。

2．在【材质】卷展栏的【编辑】选项卡中导入配套资源中的"图案3.bmp"图片，填充自定义材质，如图 3-92 和图 3-93 所示。

图 3-91

图 3-92

图 3-93

3．在菜单栏中执行【视图】/【隐藏物体】命令，将模型以虚线显示，如图 3-94 所示。

4．右击模型平面，选择快捷菜单中的【纹理】/【位置】命令，调整贴图后，右击并选择快捷菜单中的【完成】命令，如图 3-95 ～图 3-97 所示。

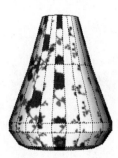
图 3-94

图 3-95

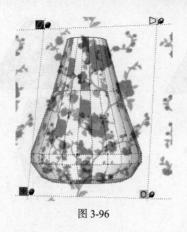

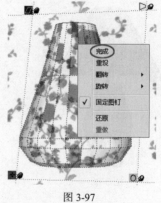

图 3-96                                    图 3-97

5．单击【样本颜料】按钮 🖉，吸取调整好的贴图，如图 3-98 所示。

6．依次对模型的其他面进行填充，如图 3-99 所示。

7．再次在菜单栏中执行【视图】/【隐藏物体】命令，将虚线取消，效果如图 3-100 所示。

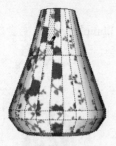        

图 3-98                      图 3-99                          图 3-100

第**4**章

# 建筑结构设计

本章介绍如何利用 SketchUp 的插件库管理器——SUAPP 来进行建筑外观设计和基于 BIM 的建筑设计。SketchUp 只是一个基本建模工具，要想进行各种复杂的建模工作，还得利用多种插件来辅助完成。

## 4.1 SketchUp扩展插件简介

通常，SketchUp 自带的建模功能只能完成一些比较简单的造型设计或房屋建筑设计，而对于一些复杂的产品设计或建筑造型设计，如图 4-1 所示，使用 SketchUp 无法轻松完成。

图 4-1

图 4-1 所示的工艺品及建筑造型的设计需借助 SketchUp 的扩展插件才能够轻松完成，否则操作起来十分烦琐。扩展插件是 SketchUp 软件商或第三方插件开发者根据设计师的建模习惯、工作效率要求及行业设计标准开发的扩展程序。有些扩展插件的功能十分强大，有些扩展插件的功能则比较单一。

下面介绍几种获取插件的方法。

## 4.1.1 到扩展程序商店下载插件

首先来看看 SketchUp Pro 2023 自带的扩展插件有哪些。在菜单栏中执行【扩展程序】/【扩展程序管理器】命令，打开【扩展程序管理器】对话框。此对话框中列出了 SketchUp 自带的扩展插件，如图 4-2 所示。

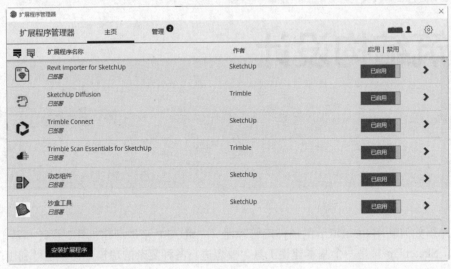

图 4-2

如果用户购买了非官方提供的扩展插件，单击【安装扩展程序】按钮，将.rbz 格式的文件打开，然后就可以使用对应插件提供的功能了。

如果需要使用官方扩展程序商店的插件，可以在菜单栏中执行【扩展程序】/【Extension Warehouse】命令，打开【Extension Warehouse】对话框，里面列出了所有可用的扩展插件，如图 4-3 所示。

图 4-3

【Extension Warehouse】对话框默认显示为英文，在类型下拉列表中选择插件类型，或者在搜索框中输入具体的插件名，或者输入某个行业的关键词，即可找到想要的插件，如图 4-4 所示。扩展程序商店的插件全是英文版本的，且有一定的试用期限，这对一些英语水平不太好的用户来讲不太方便，而且这些插件都没有进行集成与优化，因此，笔者推荐使用国内插件爱好者汉化后的 SketchUp 插件。

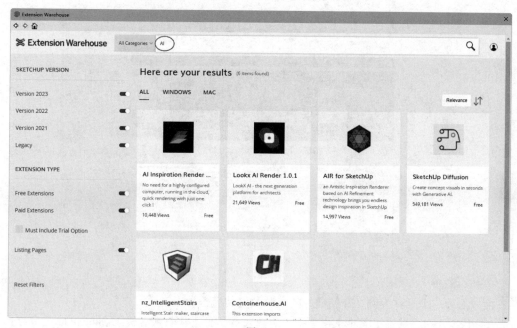

图 4-4

目前国内许多 SketchUp 学习网站都会向设计师推出一些汉化插件，有免费的也有收费的，收费的汉化插件全都做了界面优化。比较出名的网站有坯子库、SketchUp 吧、紫天 SketchUp 中文网等。其中，坯子库的插件大多数是免费的，但比较零散，没有进行集成与优化，而 SketchUp 吧的 SUAPP 插件库与紫天 SketchUp 中文网的 RBC_Library（RBC 扩展库）是收费的。

## 4.1.2    SUAPP 插件库

SketchUp 吧的 SUAPP 插件库是目前国内应用非常广泛的云端插件库，SUAPP 插件库中插件的下载及使用都很简便，同时也便于教学。

**提示**

若想免费使用 SUAPP 插件库，可以下载 SUAPP Free 1.7（离线 / 免费基础版），它有百余项插件功能是免费使用的，可满足日常建模需求，同时适合新手使用。

SUAPP Pro 3.77 可应用在 SketchUp Pro 2014 ～ 2023 中。到 SketchUp 吧官方网站购买插件使用权限后进行安装，安装成功后 SketchUp 中会显示【SUAPP 3 基本工具栏】，如图 4-5 所示。

图 4-5

【例 4-1】 SUAPP 插件库的插件下载与安装。

进入 SketchUp 吧官方网站，根据行业设计的需求，在【插件分类】列表中选择插件分类，如需要用于 BIM 建筑设计的插件，可以在【轴网墙体】、【门窗构件】、【建筑设施】、【房间屋顶】、【文字标注】、【线面工具】及【三维体量】等分类中下载相关的插件，如图 4-6 所示。

图 4-6

下面以下载一个插件为例，介绍插件的下载及安装流程。

1．在【SUAPP 3 基本工具栏】中单击【管理我的插件】按钮 ，进入 SketchUp 吧官方网站。

2．在【轴网墙体】插件分类中找到【画点工具（Point Tool）】插件，单击此插件右侧的【免费安装】按钮，如图 4-7 所示。

图 4-7

3．在弹出的【添加我使用的插件】对话框中单击【简体中文】按钮以指定插件语言，再单击【确定安装】按钮，如图 4-8 所示，随后会自动下载该插件。

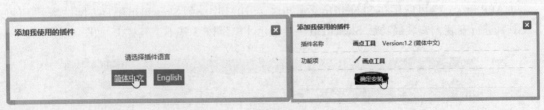

图 4-8

4．同理，下载并安装其他所需的插件。要想在 SketchUp 中使用这些插件，需在【SUAPP 3 基本工具栏】中单击【SUAPP 面板】按钮 ，打开【SUAPP Pro 3.77（64bit）】面板（后续简称 SUAPP 插件库面板）。图 4-9 所示为笔者安装了所需的插件后 SUAPP 插件库面板的状态。

5．如果需要删除 SUAPP 插件库面板中某些不常用的插件，单击【我的插件库】按钮 ，进入 SketchUp 吧官方网站中的【我的插件库】页面，然后选择要删除的插件，单击【删除】按钮 ，如图 4-10 所示。

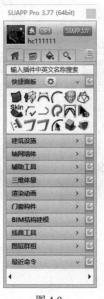

图 4-9

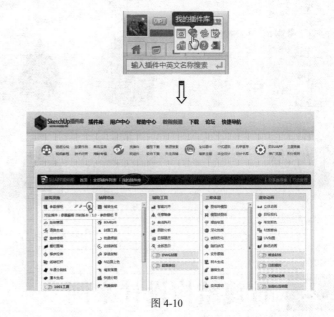

图 4-10

6．SUAPP 插件库面板可在 SketchUp 软件窗口中自由放置，为了不影响用户建模，可在菜单栏中执行【扩展程序】/【SUAPP 设置】/【融合布局】命令，将 SUAPP 插件库面板固定在绘图区右侧，如图 4-11 所示。

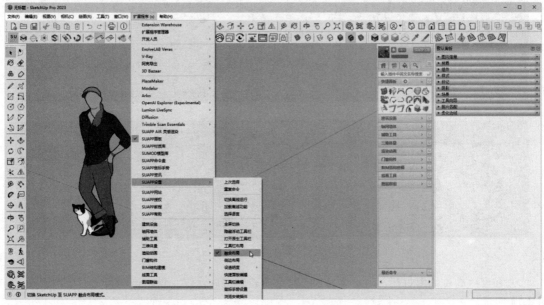

图 4-11

7. 除了可以使用插件进行建模，还可以在 SUAPP 插件库面板中单击【我的模型】按钮▣，打开【SUAPP-SketchUp 模型库】对话框以获取免费模型，单击某种模型，如图 4-12 所示，可将其下载到绘图区中。

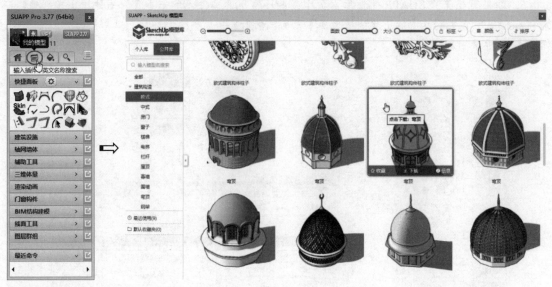

图 4-12

# 4.2  竹篾结构设计案例

"云在亭"位于北京林业大学的一片小树林中，占地约 120m²，是一座竹篾结构的景观亭，与优美的校园环境完美契合。图 4-13 所示为"云在亭"的部分实景。

图 4-13

"云在亭"的主体由竹瓦、防水卷材、苇席、有机玻璃防水层、竹篾格网和竹梁结构组成，如图 4-14 所示。

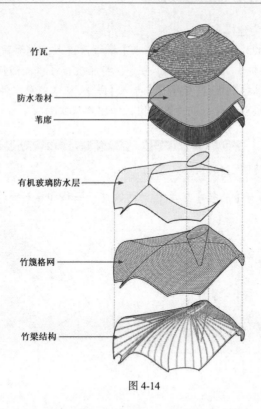

竹瓦

防水卷材

苇席

有机玻璃防水层

竹篾格网

竹梁结构

图 4-14

　　"云在亭"的建模将通过 SketchUp 的相关建模工具和 SUAPP 插件库中的部分插件来共同完成。本案例使用的插件包括画点工具（插件编号为 188）、三次贝兹曲线（插件编号为 96）、三维旋转（插件编号为 295）、曲线放样（插件编号为 427）、线转圆柱（插件编号为 148）和拉线成面（插件编号为 156）等。

| 提示 |
| --- |

　　如果你的 SUAPP 插件库中没有本案例所使用的插件，可到插件库官方网站中搜索并下载。另外，怎样知道你需要的 SUAPP 插件编号呢？这需要在 SUAPP 官方网站中找到你所使用的插件，然后单击【GIF】图标，在弹出的页面中即可看到插件编号，如图 4-15 所示。

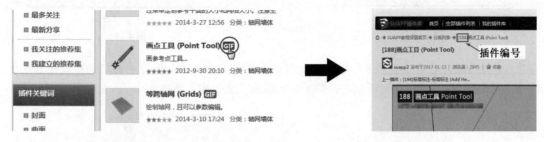

图 4-15

　　整个建模流程包括导入参考图像、构建主体结构曲线和设计主体结构。

## 4.2.1　导入参考图像

　　在构建"云在亭"的主体结构曲线之前，需要导入"云在亭"项目的"俯视图 .jpg""立面图 .jpg"

"剖面图 .jpg"等图像文件作为建模参考。

1. 启动 SketchUp Pro 2023，选择【建筑 - 毫米】模板后进入工作界面。

2. 在菜单栏中执行【相机】/【平行投影】命令，将相机视图模式切换为平行投影视图。

3. 切换到顶视图，在菜单栏中执行【文件】/【导入】命令，从本例源文件夹中导入"俯视图 .jpg"图像文件，然后在坐标轴的原点处双击以放置图像，如图 4-16 所示。

提示

双击放置图像时可以保留图像的原比例。

4. 利用【移动】工具✛与【旋转】工具↻对图像进行平移和旋转操作，结果如图 4-17 所示。

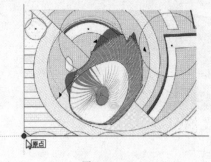
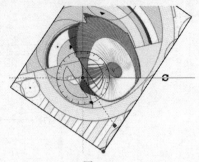

图 4-16                                     图 4-17

5. 切换到前部视图，在菜单栏中执行【文件】/【导入】命令，从本例源文件夹中导入"立面图 .jpg"图像文件，并在原点位置双击以放置图像，如图 4-18 所示。

6. 利用【移动】工具✛平移"立面图"图像，结果如图 4-19 所示。

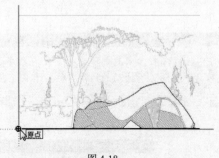
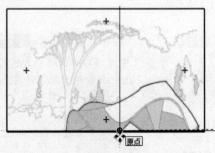

图 4-18                                     图 4-19

7. 旋转视图，可见"立面图"图像中的门洞曲线与"俯视图"图像中的门洞曲线没有重合，如图 4-20 所示，说明两图比例不相等，需要适当缩放"立面图"图像。

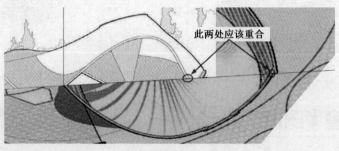

图 4-20

8．利用【比例】工具 对"立面图"图像进行缩放，缩放后再平移，以此核对两张图像中的门洞曲线是否重合。可反复进行缩放与平移操作，直至完全重合，如图 4-21 所示。

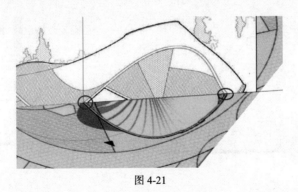

图 4-21

## 4.2.2 构建主体结构曲线

主体结构曲线的构建方法：先创建点，再参考背景图像移动点，最后以点构建空间曲线。

1．切换到顶视图，在 SUAPP 插件库面板中输入插件编号"188"并按 Enter 键，随即显示【画点工具】插件，单击此插件，然后参考图像创建多个点，如图 4-22 所示。

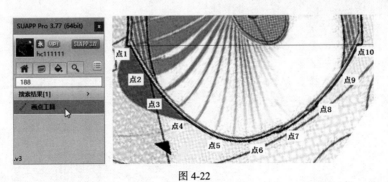

图 4-22

2．切换到前部视图，参考"立面图"图像，利用【移动】工具 选取一个点并将其平移到对应的立面图中的门洞曲线上，如图 4-23 所示。

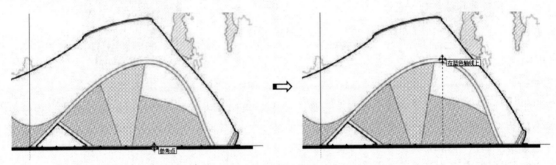

图 4-23

3. 同理,逐一地将其余点平移到对应的位置,旋转视图,查看这些点在空间中的位置,如图 4-24 所示。

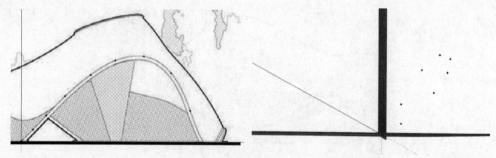

图 4-24

4. 在 SUAPP 插件库面板中输入插件编号 "96" 并按 Enter 键,在列出的搜索结果中单击【三次贝兹曲线】插件,然后在绘图区中依次选取点来创建贝兹曲线,选取最后一个点后需双击,以结束曲线的创建,如图 4-25 所示。

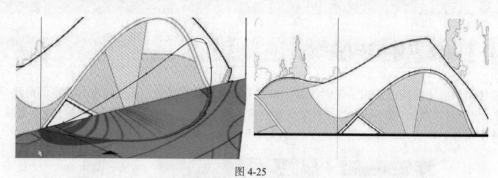

图 4-25

5. 利用【旋转】工具 ⟳ 将 "立面图" 图像顺时针旋转 90°,如图 4-26 所示。
6. 切换到顶视图,选择 SUAPP 插件库面板中的【画点工具】插件,参考 "俯视图" 图像中的小门洞轮廓创建 9 个点,如图 4-27 所示。

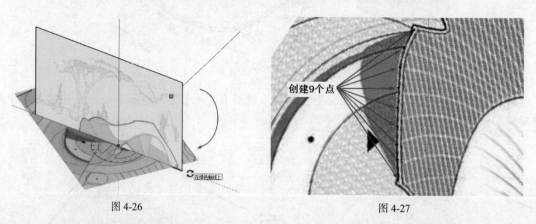

图 4-26                    图 4-27

7. 切换到左视图,参考 "立面图" 图像,将上一步创建的多个点平移到对应的位置。由于没有小门的正向视图,因此移动点时,先移动中间的点,然后同时选取并平移两侧的点,以此形成对称效果,如图 4-28 所示。
8. 再利用【三次贝兹曲线】插件依次选取点来创建贝兹曲线,如图 4-29 所示。

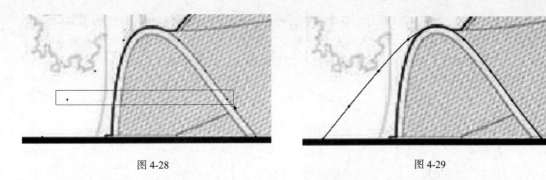

图 4-28          图 4-29

9．利用【旋转】工具 ↻ 将"立面图"图像顺时针旋转 90°，如图 4-30 所示。

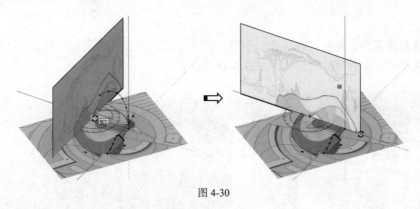

图 4-30

10．切换到顶视图，参考"俯视图"图像，利用【画点工具】插件创建 9 个点，如图 4-31 所示。

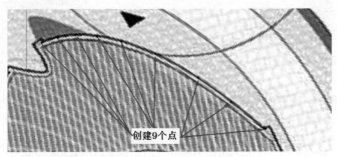

创建9个点

图 4-31

11．切换到返回视图，适当地平移"立面图"图像，也就是让第三个门洞的最高点竖直对应多个点中的第 5 个点，如图 4-32 所示。

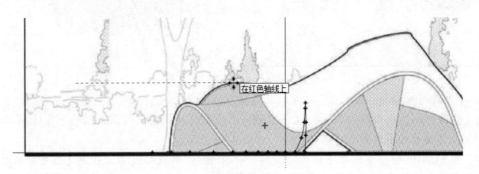

在红色轴线上

图 4-32

12. 平移多个点,如图 4-33 所示。再利用【三次贝兹曲线】插件创建贝兹曲线,如图 4-34 所示。最后调整贝兹曲线的平滑度,调整方法 : 先平移点,然后右击贝兹曲线并选择快捷菜单中的【贝兹曲线 - 三次贝兹曲线】命令,拖动贝兹曲线的控制点到对应的点位置。

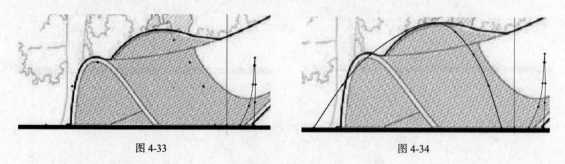

图 4-33　　　　　　　　　　　　　　　　　图 4-34

13. 切换到顶视图, 参考"俯视图"图像,利用【三次贝兹曲线】插件创建贝兹曲线,将前面创建的 3 条空间曲线两两进行连接, 如图 4-35 所示。

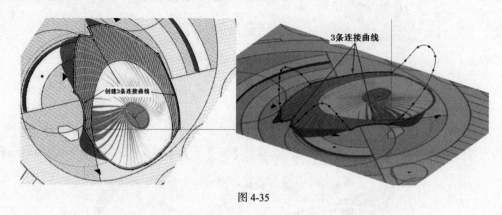

图 4-35

14. 切换到返回视图,利用【直线】工具 ✐,参考"立面图"图像绘制一条水平直线段,如图 4-36 所示。

15. 切换到顶视图, 利用【三次贝兹曲线】插件, 参考"俯视图"图像创建封闭的贝兹曲线(在绘制最后一个控制点时右击并选择快捷菜单中的【用曲线闭合曲线】命令), 如图 4-37 所示。

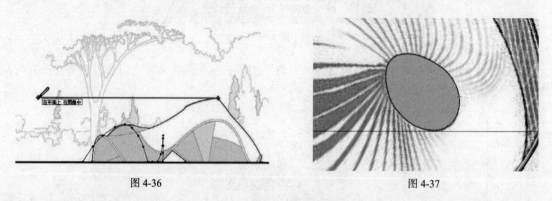

图 4-36　　　　　　　　　　　　　　　　　图 4-37

16. 删除封闭贝兹曲线内的面, 仅保留封闭曲线。切换到返回视图, 然后利用【移动】工具 ✥ 将封闭的贝兹曲线平移到水平直线段上, 如图 4-38 所示。

17. 在 SUAPP 插件库面板中输入"旋转"并按 Enter 键进行搜索, 找到【三维旋转】插件。如果没有安装此插件,可单击【安装】按钮进行安装,然后再单击 SUAPP 插件库面板下方出现的【同步】按钮进行插件同步。图4-39所示为安装【三维旋转】插件后的 SUAPP 插件库面板。

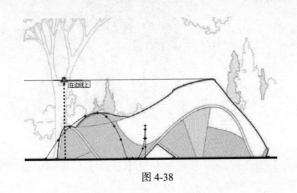

图 4-38                    图 4-39

18. 单击【三维旋转】插件，在封闭曲线上选取旋转中心点，如图4-40所示。

19. 切换到左视图，选取旋转的第一点，如图4-41所示。

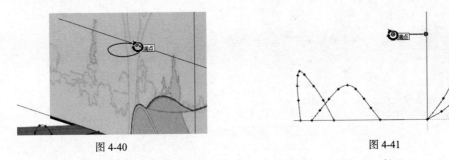

图 4-40                    图 4-41

20. 选取旋转的第二点，将封闭的曲线旋转一定的角度，如图4-42所示。

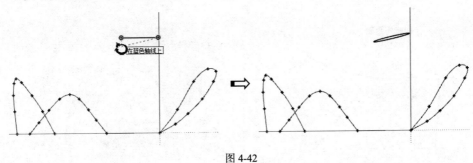

图 4-42

21. 切换到顶视图,选择【画点工具】插件,参考竹梁的布局创建4个点。切换到左视图,利用【移动】工具 ✛ 将点垂直向上移动到相应位置,如图4-43所示。

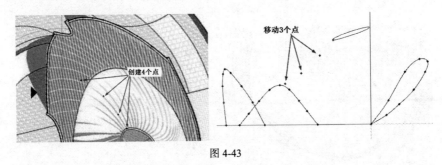

图 4-43

22. 利用【三次贝兹曲线】插件选取点来创建贝兹曲线，如图4-44所示。

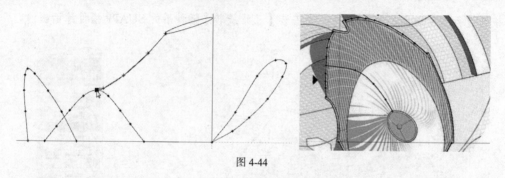

图 4-44

23.切换到顶视图，利用【画点工具】插件创建多个点，利用【移动】工具 ✛ 将这些点移动到合适位置，如图 4-45 所示。

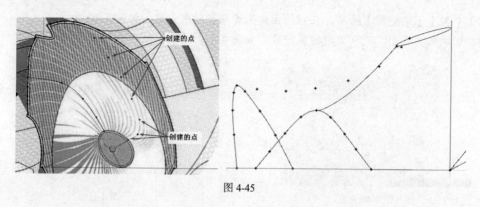

图 4-45

24.利用【三次贝兹曲线】插件依次选取点来创建贝兹曲线，如图 4-46 所示。

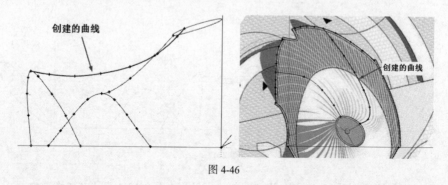

图 4-46

25.同理，再利用【画点工具】插件创建图 4-47 所示的点，然后切换到左视图，将点移动到合适位置。

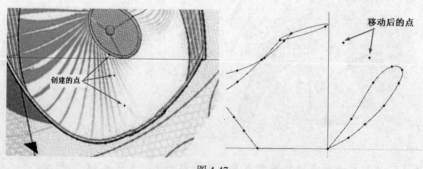

图 4-47

26．利用【三次贝兹曲线】插件选取点来创建贝兹曲线，如图4-48所示。

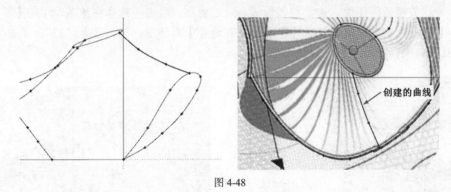

创建的曲线

图 4-48

27．同理，按此方法再创建3条贝兹曲线，如图4-49所示。至此，完成了"云在亭"模型主体结构曲线的构建。

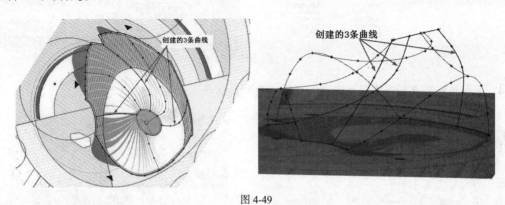

创建的3条曲线

创建的3条曲线

图 4-49

## 4.2.3　设计主体结构

从图4-14中可以看出，"云在亭"由多种材质和结构组成，建模时需要将主体结构曲线复制出多份，作为各层结构的骨架曲线。主体结构包括竹梁结构、竹篾格网、有机玻璃防水层、苇席、防水卷材和竹瓦等。

### 一、设计竹梁结构

1．切换到顶视图，利用【移动】工具⊕，按Ctrl键拖动主体结构曲线，将主体结构曲线复制两份，如图4-50所示。

图 4-50

2．选中"立面图"图像，右击并选择快捷菜单中的【隐藏】命令将参考图像隐藏。

3．参考"俯视图"图像，选中相邻的两条贝兹曲线，右击并选择快捷菜单中的【贝兹曲线 - 转换为】/【固定段数多段线】命令，弹出【参数设置】对话框，输入段数"13"，单击【好】按钮完成曲线的转换，如图 4-51 所示。

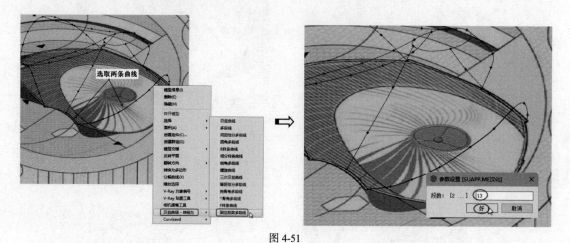

图 4-51

4．同样选取顶部的一条贝兹曲线，完成多段线的转换，如图 4-52 所示。

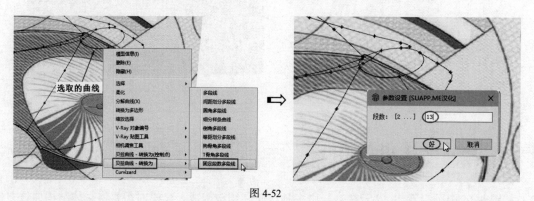

图 4-52

**提示**

具体段数可大致参考"俯视图"图像中的竹梁数量。如果骨架曲线中间的竹梁数为 4，那么转为多段线时输入的段数就应该是 5，如图 4-53 所示。

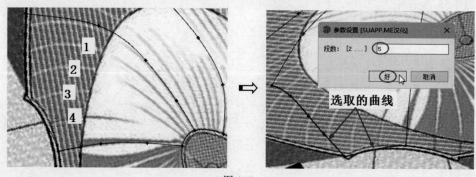

图 4-53

5．按此方法对其余外形轮廓曲线及顶部的曲线进行转换。将转换完成的多段线复制一份，作为后续设计竹篾结构时的基本曲线。

6．在 SUAPP 插件库面板中输入插件编号"427"并按 Enter 键，搜索出 3 个插件：轮廓放样、路径放样和曲线放样。单击【轮廓放样】插件，然后在绘图区中框选主体结构曲线，如图 4-54 所示。

7．框选曲线后单击放样工具栏中的【确定】按钮✔，进入预览模式查看轮廓曲线，如图 4-55 所示。

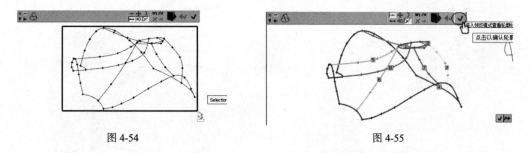

图 4-54 图 4-55

8．在放样工具栏中单击【仅生成表面横向线框】按钮▦，再单击【确定】按钮✔，完成线框的创建，如图 4-56 所示。

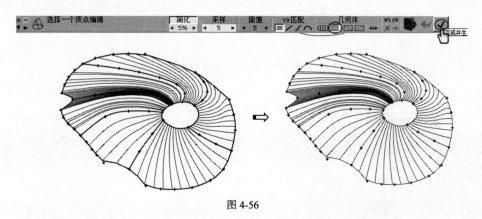

图 4-56

9．选中整个线框模型（自动生成的组件），右击并选择快捷菜单中的【炸开模型】命令，炸开线框模型。然后参考"顶视图"图像中的竹梁将多余的曲线删除，如图 4-57 所示。

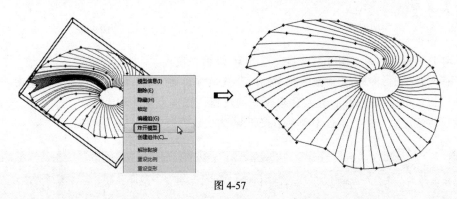

图 4-57

**提示**

若出现多余曲线，可以重新选择贝兹曲线进行分段。

10．框选所有曲线，右击并选择快捷菜单中的【Curvizard】/【光滑曲线】命令，对多段线进行平滑处理，如图 4-58 所示。

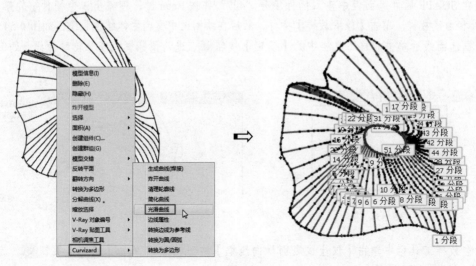

图 4-58

11．切换到顶视图，参考"俯视图"图像，利用【圆】工具 ⊘ 绘制一个圆，此圆要稍大于图像中的圆，如图 4-59 所示。

12．对顶部的圆和步骤 11 绘制的圆进行复制，如图 4-60 所示。

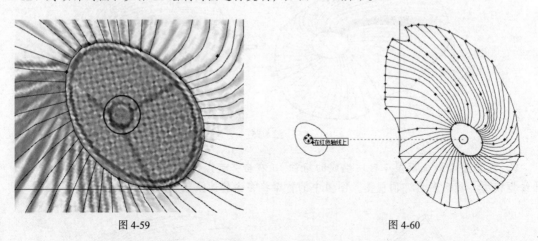

图 4-59 图 4-60

13．将复制出来的两个圆分别转换成段数为 30 的多段线。

14．框选两个圆，再单击【曲线放样】插件，生成放样曲面预览。在弹出的放样工具栏中单击【仅生成表面纵向线框】按钮，然后选取预览的线框，弹出【预览及参数设置面板】。设置线框顶部的顶点旋转角度为"3"，单击【确定】按钮 ✔ 完成线框的创建，如图 4-61 所示。

**提示**

复制出来的圆如果是断开的，可以先利用【批量焊接】插件进行焊接，然后再将其转为多段线。

15．再次选中复制出来的两个圆，单击【曲线放样】插件，生成放样曲面预览。在放样工具栏中设置【段数】为"3s"，单击【仅生成表面纵向线框】按钮 和【仅生成表面横向线框】按钮 ，最后单击【确定】按钮 ✔ 完成线框的创建，如图 4-62 所示。

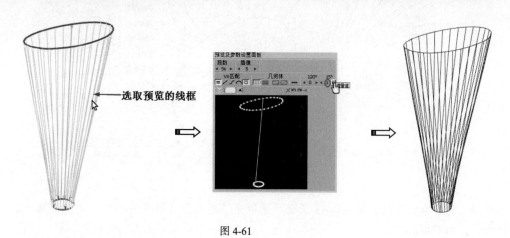

选取预览的线框

图 4-61

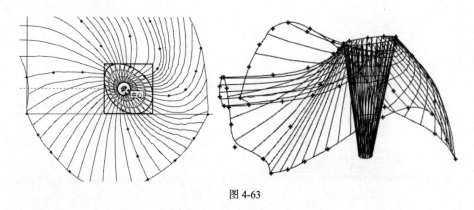

图 4-62

16．将创建的线框平移到主体结构曲线中，如图 4-63 所示。右击线框并选择快捷菜单中的【炸开模型】命令，将线框炸开。

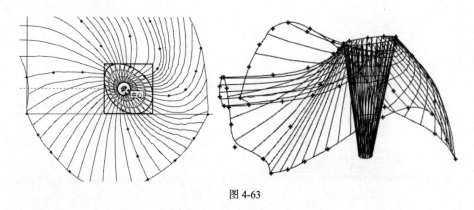

图 4-63

17．在 SUAPP 插件库面板中输入插件编号 "148"，按 Enter 键搜索出【线转圆柱】插件。选取所有竹梁结构曲线和线框内部的 4 条曲线，再单击【线转圆柱】插件，弹出【参数设置】对话框。在对话框中输入圆柱参数，单击【好】按钮，如图 4-64 所示。

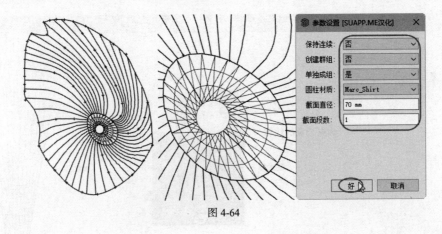

图 4-64

18．创建的竹梁结构如图 4-65 所示。选取余下的内部线框中的曲线，创建截面直径为 20mm 的圆柱，如图 4-66 所示。

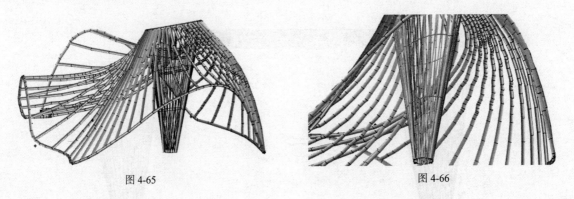

图 4-65　　　　　　　　　　　　　图 4-66

## 二、设计竹篾格网

在复制出的多段线线框中进行竹篾格网的设计。

1．选取图 4-67 所示的贝兹曲线，将其转换成多段线，段数为 10。同理，将其余贝兹曲线也转换成多段线。

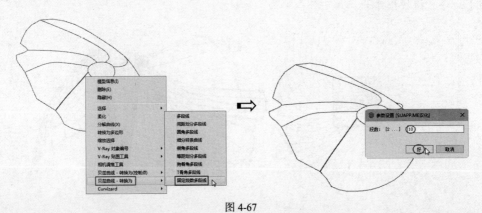

图 4-67

2．框选多段线，单击 SUAPP 插件库面板中的【轮廓放样】插件，在放样工具栏中单击【仅生成表面纵向线框】按钮 和【仅生成表面横向线框】按钮 ，再单击【确定】按钮 ，创建轮廓放样模型（自动生成群组的线框模型），如图 4-68 所示。

3．双击线框模型进入组件编辑模式，选取所有的曲线，如图 4-69 所示，按 Ctrl+C 组合键进行复制。接着将线框模型隐藏，仅显示原有的多段线。

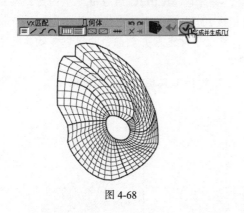

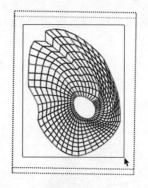

图 4-68

图 4-69

4．再次框选多段线，单击【轮廓放样】插件，在弹出的放样工具栏中单击【以虚拟矩形模式生成表面】按钮，再单击【确定】按钮，创建曲面模型（自动生成群组），如图 4-70 所示。

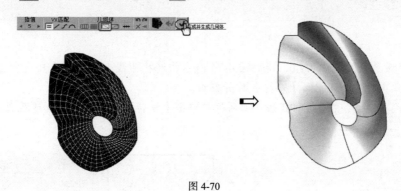

图 4-70

5．选取曲面模型，右击并选择快捷菜单中的【柔化 / 平滑边线】命令，在默认面板的【柔化边线】卷展栏中拖动角度滑块到 0 位置，显示所有的平滑曲线，如图 4-71 所示。

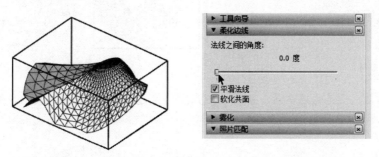

图 4-71

提示

曲面模型中有个别曲面方向与其他曲面方向不一致，可以双击进入群组编辑状态，右击，选择快捷菜单中的【模型交错】命令，然后单独选取方向相反的曲面并右击，选择快捷菜单中的【反向平面】命令，以保证所有曲面的方向是一致的。最后需要炸开群组模型，重新创建群组，以保证群组中的所有曲面是一个整体。另外，操作曲面后，尽量多复制几个副本以备使用。

6．双击曲面模型进入群组编辑状态，选取所有曲线、曲面后，在 SUAPP 插件库面板中单击【清理曲线】插件，完成曲线的清理，仅保留曲面。

7．在菜单栏中执行【编辑】/【定点粘贴】命令，将先前按 Ctrl+C 组合键复制的曲线粘贴进来，此时不要动鼠标，直接按 Delete 键删除亮显的结构线，此举可以删除横线和竖线，仅保留斜线，如图 4-72 所示。如果发现还存在残留的横线和竖线，可以手动选取并删除，也可以多次执行【定点粘贴】命令来反复删除。将曲面模型群组暂时隐藏。

8．同理，再创建一个斜向相反的放样曲面模型（在放样工具栏中单击 按钮），定点粘贴并删除曲线后的结果如图 4-73 所示。

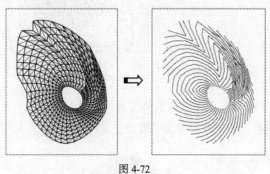

图 4-72

图 4-73

9．显示隐藏的曲面模型群组，得到图 4-74 所示的网状曲线效果。框选所有曲面模型，右击并选择快捷菜单中的【炸开模型】命令，炸开群组。

10．框选网状曲线，在 SUAPP 插件库面板中单击【线转圆柱】插件，创建截面直径为 20mm 的圆柱，如图 4-75 所示。

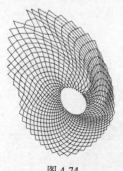

图 4-74

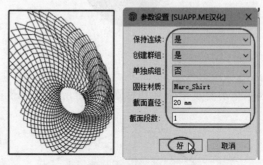

图 4-75

11．创建的圆柱就是竹篾格网，如图 4-76 所示。为竹篾格网填充一种材质，然后将其平移到竹梁结构中，如图 4-77 所示。

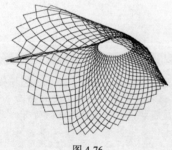

图 4-76

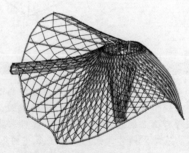

图 4-77

### 三、创建有机玻璃防水层

1．框选复制的第一个主体结构曲线，在 SUAPP 插件库面板中单击【轮廓放样】插件，绘图区中会显示放样预览和放样工具栏。

2．单击放样工具栏中的【确定】按钮 ✅，完成放样曲面模型的创建，如图 4-78 所示。

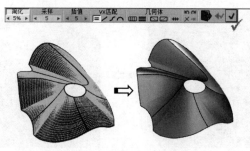

图 4-78

3．双击曲面模型进入群组编辑状态。选中曲面，在 SUAPP 插件库面板中搜索"加厚推拉"，然后单击【加厚推拉】插件，在测量数值框中输入"50"，按 Enter 键完成曲面的加厚操作，创建具有厚度的模型，如图 4-79 所示。

4．这个加厚的模型就是有机玻璃防水层，为其填充玻璃材质。最后将其平移到竹梁结构中，效果如图 4-80 所示。

图 4-79

图 4-80

### 四、创建竹瓦、防水卷材、苇席

除了前面创建的竹梁结构、竹篾格网和有机玻璃防水层外，还有竹瓦、防水卷材和苇席需要创建。这 3 种结构的创建方法和过程是完全相同的，下面仅介绍创建竹瓦的过程。

1．显示隐藏的"俯视图"图像，然后将其平移到第二个主体结构曲线上。

2．利用【画点曲线】插件参考图像创建点，如图 4-81 所示。

3．利用【三次贝兹曲线】插件和【直线】工具 ✏️，参考步骤 2 创建的点绘制出图 4-82 所示的封闭曲线。

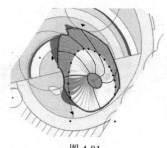

图 4-81

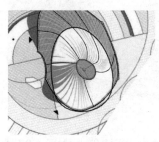

图 4-82

4．框选主体结构曲线，单击【轮廓放样】插件，绘图区中会显示放样预览和放样工具栏。

5．单击放样工具栏中的【确定】按钮 ✔，完成放样曲面模型的创建，如图 4-83 所示。右击并选择快捷菜单中的【炸开模型】命令，炸开曲面模型。

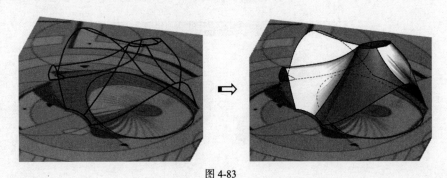

图 4-83

6．选取封闭曲线，在 SUAPP 插件库面板中输入"156"或"拉线成面"，按 Enter 键，然后单击【拉线成面】插件，选取封闭曲线上的一点作为拉出起点，往上拉出曲面，如图 4-84 所示。

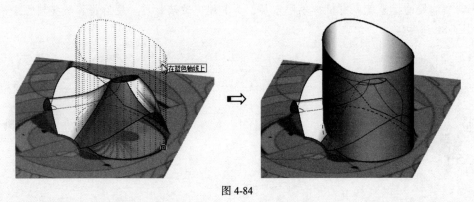

图 4-84

7．利用【生成泡泡】插件创建上下封闭面，如图 4-85 所示。

8．框选放样曲面和拉伸面、封闭面，再右击并选择快捷菜单中的【模型交错】/【模型交错】命令，如图 4-86 所示，得到模型的相交曲线。

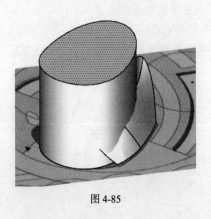

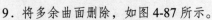

图 4-85

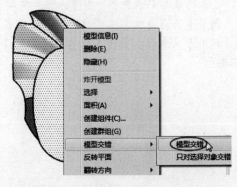

图 4-86

9．将多余曲面删除，如图 4-87 所示。

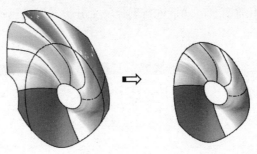

图 4-87

10．利用【加厚推拉】插件推拉出厚度为 50mm 的薄壳。

11．此薄壳就是竹瓦模型。为创建的薄壳添加瓦片材质，并将其平移到竹梁结构中。

12．按此方法自行完成防水卷材和苇席的设计（可直接复制出两份竹瓦模型，分别填充半透明玻璃材质和木材质）。至此，完成了"云在亭"的造型设计，最终效果如图 4-88 所示。

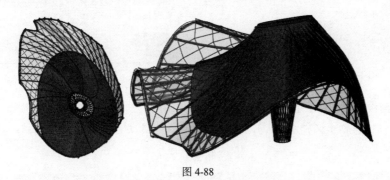

图 4-88

# 4.3 办公楼结构设计案例

本节将利用 SUAPP 插件库中的 BIM 建模插件进行一个办公楼的结构设计。图 4-89 所示为创建的办公楼结构模型。

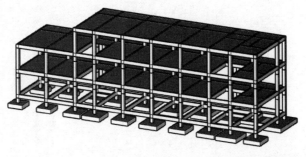

图 4-89

## 4.3.1 轴网设计

由于本案例会多次使用 BIM 建模插件，所以将 SUAPP 插件库中【轴网墙体】分类下的【BIM

建模】组单独作为一个应用类型，也就是重新创建一个分类，以便迅速找到 BIM 建模插件，如图 4-90 所示。

先在【我的插件库】页面中删除【BIM 建模】组，然后重新在插件库页面中下载并安装此插件组，如图 4-91 所示。

图 4-90

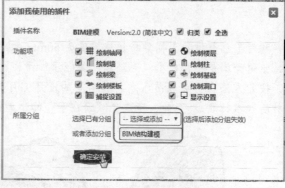

图 4-91

在 BIM 结构设计流程中，首先要建立轴网。

1. 在菜单栏中执行【文件】/【导入】命令，从本例源文件夹中导入"基础平面布置图.dwg"图纸，如图 4-92 所示。

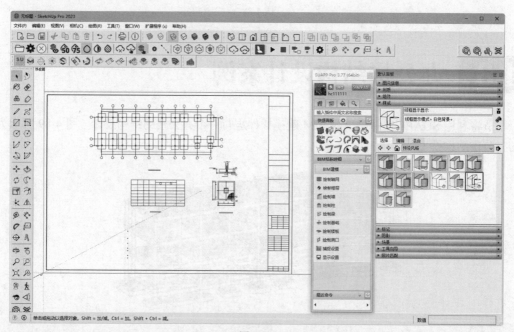

图 4-92

提示

在建模时，最好通过 AutoCAD 打开相关的图纸，以便参考图纸中的尺寸进行建模，在 SketchUp 中导入的图纸是没有尺寸的。

2．在菜单栏中执行【相机】/【平行投影】命令，切换为平行投影视图。

3．利用【移动】工具✥，在图纸轴网中的左下角选取轴线交点作为平移起点，将其移动到坐标系原点，如图 4-93 所示。

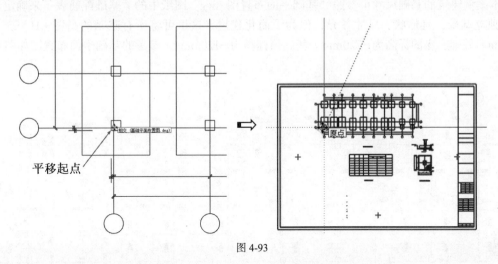

图 4-93

4．在 SUAPP 插件库面板的【BIM 结构建模】分类的【BIM 建模】组中单击【绘制轴网】按钮▦，弹出【绘制轴网】对话框。参考 AutoCAD 中的"基础平面布置图 .dwg"的尺寸，在【绘制轴网】对话框的【水平轴线】文本框中输入"1@2.2m,7.2m"，在【垂直轴线】文本框中输入"1@4m,3.3m,4.5m,4.5m,4.5m,4.5m,3m,4.5m,4.5m"，单击【确定】按钮，如图 4-94 所示。

> **提示**
>
> 水平轴线为轴网中编号为字母的轴线，垂直轴线为轴网中编号为数字的轴线。图 4-94 中的【水平轴线】文本框中输入的"1@2.2m,7.2m"表达的含义："1"表示第一个轴线间距（2.2m）的副本数；"@"表示轴线间距为相对坐标值；"2.2m"表示第一条水平轴线与第二条水平轴线的间距为 2.2m；"7.2m"表示第二条水平轴线与第三条水平轴线的间距为 7.2m，轴线的间距值须用半角逗号","隔开。【垂直轴线】文本框中的文字意义也是如此。

5．单击【尺寸】按钮✎，标注轴线，如图 4-95 所示。标注轴线时暂时将导入的图纸隐藏。

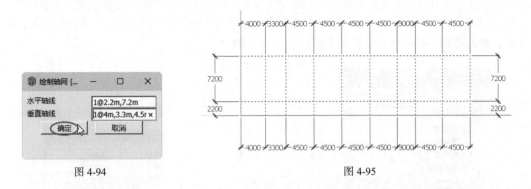

图 4-94                    图 4-95

> **提示**
>
> 尺寸标注默认带单位 mm，无须显示单位时，可以在菜单栏中执行【窗口】/【模型信息】命令，在弹出的【模型信息】对话框中取消勾选【显示单位格式】复选框。

## 4.3.2 地下层基础与结构柱设计

本案例建筑的基础尺寸可参照"基础平面布置图.dwg"图纸中的"基础配筋表"来确定。基础为独立基础，且形状、尺寸各异，但为了简化建模，这里可将所有基础的高度（H）统一为600mm。基础底座的标高为 -720mm（基础顶标高为 -120mm）。参考的基础平面布置图如图 4-96 所示。

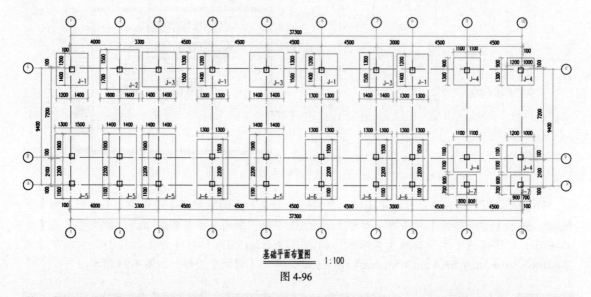

基础平面布置图  1:100

图 4-96

1．创建基础标高。在【BIM 建模】组中单击【绘制楼层】按钮⊕，在弹出的【绘制楼层】对话框中设置【标高】为"3600"，单击【确定】按钮完成标高的设置，如图 4-97 所示。

**提示**

楼层标高可以参考本例源文件夹中的"教学楼（建筑、结构施工图）.dwg"图纸里面的立面图。使用BIM 建模插件目前不能创建出 0 标高或负标高，所以只能先创建出一层的标高，待创建基础后，将所有基础模型向下移动即可。

2．切换到顶视图，单击【绘制基础】按钮▲，弹出【绘制基础】对话框，首先创建 J-1 编号的基础，输入基础参数后单击【确定】按钮，如图 4-98 所示。

图 4-97

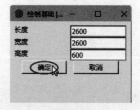

图 4-98

3．参考基础平面布置图，将基础模型放置在视图中，如图 4-99 所示。

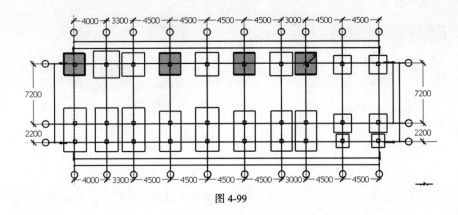

图 4-99

4．同理，陆续将 J-2（3200mm×3200mm×600mm）、J-3（2800mm×2800mm×600mm）、J-4（2200mm×2200mm×600mm）、J-5（5200mm×2800mm×600mm）、J-6（4800mm×2600mm×600mm）和 J-7（1600mm×1600mm×600mm）等基础模型放置在视图中，完成后的结果如图 4-100 所示。

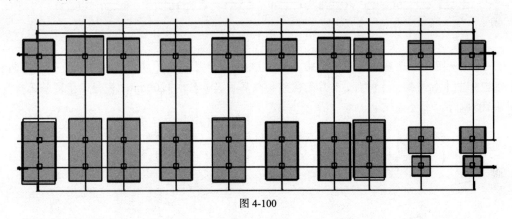

图 4-100

5．利用【移动】工具 ✥ 将视图中的基础模型与图纸中的基础线对齐，如图 4-101 所示。

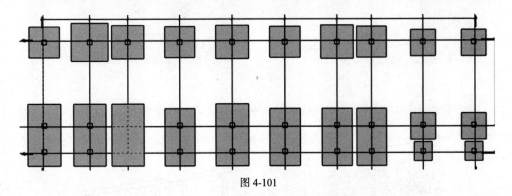

图 4-101

6．创建结构柱。地下层结构柱的尺寸请参考本例源文件夹中的"一层柱配筋平面布置图.dwg"。所有结构柱的形状及尺寸都是相同的，所以仅创建一根结构柱，然后复制出其他结构柱即可。在【BIM 建模】组中单击【绘制柱】按钮 🏠，弹出【绘制柱】对话框。选择【混凝土】材料和【矩形】类型，设置【宽度】与【长度】均为"400"，单击【确定】按钮，如图 4-102 所示。

7．在顶视图中放置结构柱，结果如图 4-103 所示。结构柱的默认高度为楼层标高，由于放置结构柱时参考了柱顶高度，而且又参考了导入图纸，所以放置的结构柱全部在图纸所在平面上。

图 4-102

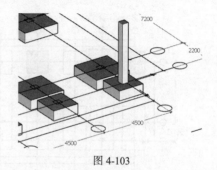

图 4-103

8．切换到前部视图，利用【移动】工具✛将所有独立基础模型向下平移 1200mm，如图 4-104 所示。

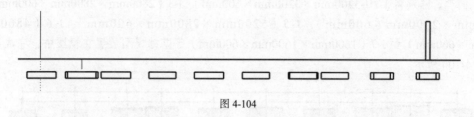

图 4-104

9．旋转视图，放大显示结构柱底部。在 SUAPP 插件库面板【辅助工具】分类下的【超级推拉】组中单击【加厚推拉】插件，然后选取结构柱底面，向下拉 1200mm，将其连接到基础模型上，如图 4-105 所示。

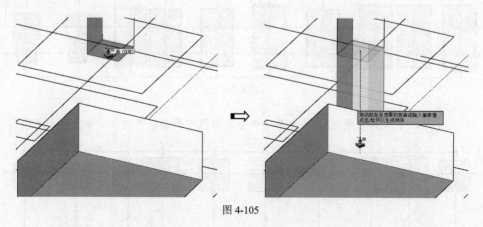

图 4-105

10．利用【移动】工具✛，按 Ctrl 键将结构柱复制到其他基础模型上，结果如图 4-106 所示。

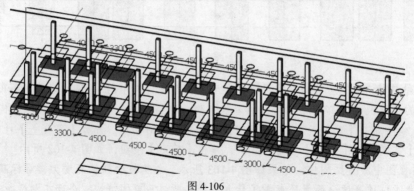

图 4-106

## 4.3.3　一层结构设计

一层的结构包括 0mm 标高和 3600mm 标高之间的地梁、结构柱（已创建）、一层结构梁、结构楼板等。

1．删除导入的基础平面布置图。导入"地梁配筋图.dwg"图纸，将该图纸按照之前基础平面布置图的位置进行对齐操作，如图 4-107 所示。

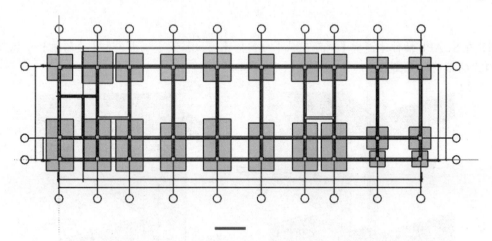

图 4-107

2．选中所有结构柱并右击，选择快捷菜单中的【隐藏】命令将结构柱隐藏。

3．在【BIM 建模】组中单击【绘制梁】按钮 📦，弹出【绘制梁】对话框。设置地梁的尺寸后单击【确定】按钮，如图 4-108 所示。

4．以轴网为参考绘制地梁（以线框显示模型），如图 4-109 所示。地梁模型是以轴线为中心进行绘制的，而图纸中的梁左右两边是不对称的，所以利用【移动】工具 ✥ 移动地梁模型，使其与图纸中的梁对齐。

图 4-108

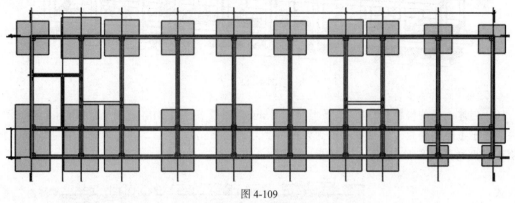

图 4-109

| 提示 |
| --- |
| 绘制一段梁体后，按 Esc 键结束，可以继续绘制其他梁体。如果要结束绘制，按空格键即可。 |

5．同理，再绘制出 200mm×450mm 的地梁，如图 4-110 所示。

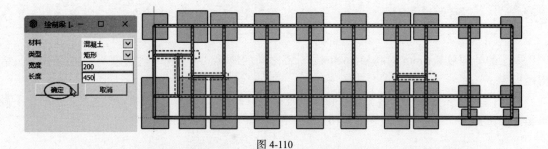

图 4-110

6．在 SUAPP 插件库面板【辅助工具】分类的【超级推拉】组中单击【跟随推拉】插件，然后在 4 个角落的地梁交汇处进行拉面操作，如图 4-111 所示。

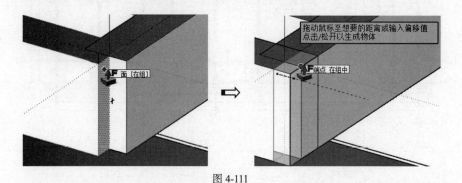

图 4-111

7．在【实体工具】工具栏中单击【实体外壳】按钮，将地梁两两合并，完成地梁的创建。

8．在菜单栏中执行【编辑】/【取消隐藏】/【全部】命令，显示隐藏的结构柱。

9．创建一层的结构梁（参考"二层梁配筋图.dwg"图纸）。利用【移动】工具，将前面创建的地梁复制到结构柱顶部（即按 Ctrl 键垂直向上移动 3600mm），结果如图 4-112 所示。

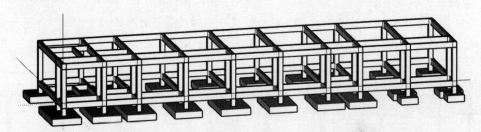

图 4-112

10．创建一层的楼板（参考"二层板配筋图.dwg"图纸）。在【BIM 建模】组中单击【绘制楼板】插件，弹出【绘制楼板】对话框。设置楼板厚度为"120mm"，然后单击【确定】按钮，在顶视图中绘制楼板边界，系统会自动创建楼板，如图 4-113 所示。

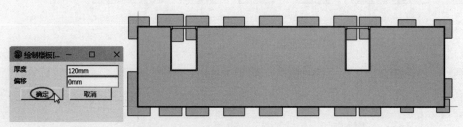

图 4-113

一层结构设计完成，效果如图 4-114 所示。

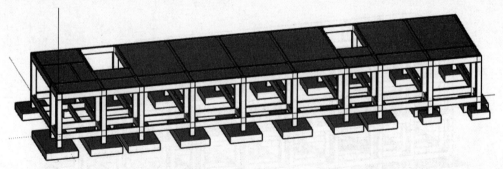

图 4-114

## 4.3.4 二、三层结构设计

二层结构的设计比较简单，与第一层是完全相同的。

1．切换到前部视图，框选一层中的结构柱、结构梁和结构楼板，然后利用【移动】工具 ✥ ，按 Ctrl 键将其向上移动 3600mm，结果如图 4-115 所示。

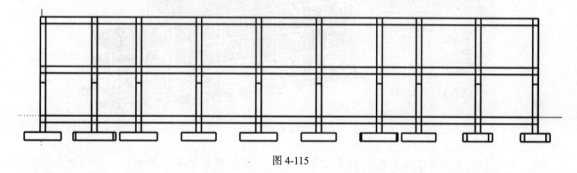

图 4-115

2．三层与二层有些不同，但可以复制部分结构到三层中，结构楼层需要重新创建，效果如图 4-116 所示。

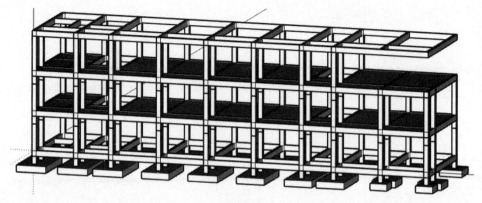

图 4-116

3．选中三层中的所有结构梁，右击并选择快捷菜单中的【炸开模型】命令，将结构梁分解。

4．利用【直线】工具 ∕ 绘制直线段以分割曲面，分割曲面后删除多余的面，得到图 4-117 所示的结果。

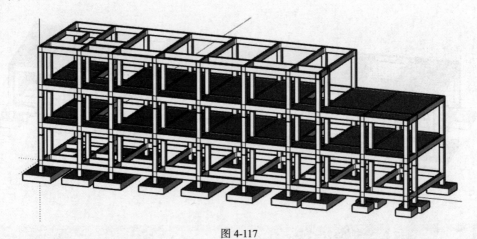

图 4-117

5. 创建楼层后在【BIM建模】组中单击【绘制楼板】插件，创建三层的结构楼板，如图 4-118 所示。

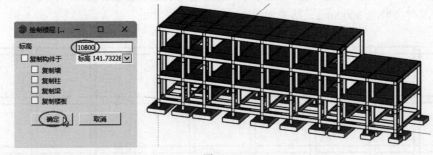

图 4-118

6. 利用【实体工具】工具栏中的【实体外壳】工具 □ 将结构梁、结构柱、结构楼板等构件全部合并在一起。至此就完成了办公楼的结构设计。至于建筑设计及室内设计部分，读者可以利用【建筑设施】分类及【门窗构件】分类下的插件自行完成。

# 第5章

# 建筑及室内设计

本章将介绍 SketchUp 在建筑及室内设计中的应用。通过建筑设计与室内设计案例，详细讲解从 AutoCAD 中整理图纸到创建模型及填充材质的全过程。

## 5.1　建筑设计案例

本例是一个现代别墅住宅项目。整个别墅包括 4 个立面和 1 个屋顶，在别墅周边围墙上设计栏杆，别墅外的场地用草坪和柏油路材质铺设，另外还加入植物、休闲椅和喷水池等景观组件，让整个环境看上去非常惬意。图 5-1 所示为场地布局效果，图 5-2 所示为别墅建模效果。主要操作流程如下。

（1）在 AutoCAD 中整理图纸。

（2）在 SketchUp 中导入图纸。

（3）调整图纸。

（4）创建立面模型。

（5）创建屋顶。

（6）填充材质。

（7）导入组件。

（8）添加场景组件。

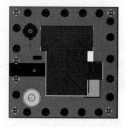

图 5-1

图 5-2

## 5.1.1　整理并导入图纸

　　本例别墅项目的设计图纸中存在一些与 SketchUp 建模无关联的图形信息，需要用 AutoCAD 进行整理。图 5-3 所示为原图，图 5-4 所示为简化图。

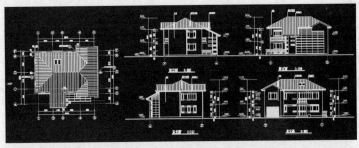

图 5-3

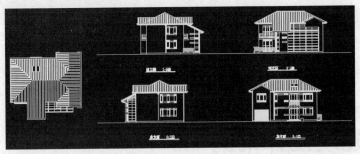

图 5-4

### 一、在AutoCAD中整理图纸

　　1. 启动 AutoCAD，打开"现代别墅平面图 - 原图 .dwg"文件。

　　2. 在命令行中输入"PU"，按 Enter 键确认，对简化后的图纸进行清理，如图 5-5 所示。清理完成后保存文件，文件名为"现代别墅平面图 - 简化图 .dwg"。

　　3. 在菜单栏中执行【窗口】/【模型信息】命令，弹出【模型信息】对话框，设置模型单位，如图 5-6 所示。

图 5-5

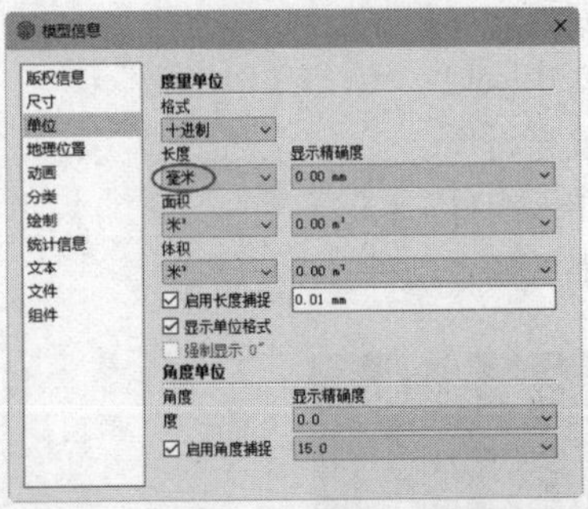

图 5-6

### 二、导入图纸

　　这里先导入东南西北 4 个立面图纸，并创建封闭面。

1．启动 SketchUp Pro 2023，在菜单栏中执行【文件】/【导入】命令，弹出【导入】对话框。选择前面保存的"现代别墅平面图 - 简化图 .dwg"文件，单击【选项】按钮，弹出【导入 AutoCAD DWG/DXF 选项】对话框，在【单位】下拉列表中选择【毫米】选项，单击【好】按钮，如图 5-7 所示。

2．返回【导入】对话框，单击【导入】按钮，弹出【导入结果】对话框，单击【关闭】按钮，如图 5-8 所示，完成 AutoCAD 图纸的导入。

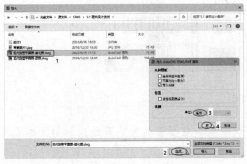

图 5-7　　　　　　　　　　　　　　　　图 5-8

导入 SketchUp 的 AutoCAD 图纸是以线框形式显示的，如图 5-9 所示。

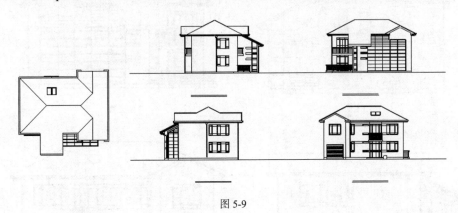

图 5-9

3．右击导入的线框，然后选择快捷菜单中的【炸开模型】命令，将线框全部炸开，如图 5-10 所示。

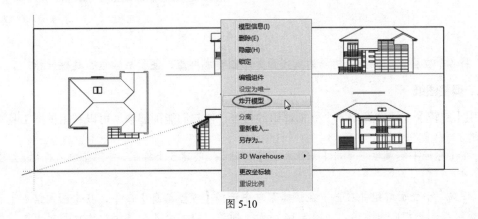

图 5-10

4．将多余的线删除，如图 5-11 所示。重新将各个立面图分别创建成组件，以便绘制封闭曲线。

图 5-11

5．单击【直线】按钮 ⟋，沿着 AutoCAD 图纸中多个立面图的外轮廓线绘制封闭曲线（注意，阳台轮廓不用绘制），如图 5-12 所示。

西立面　　　　　　　　　　　　　　　南立面

东立面　　　　　　　　　　　　　　　北立面

图 5-12

6．将各个立面图组件与其所属的封闭面分别创建成群组，便于后续进行建模操作。

### 三、调整图纸

利用【旋转】工具 ⟳ 调整 4 个立面群组的角度，使它们能围起来，可以利用视图工具来查看是否对齐。

1．在【标记】卷展栏中单击【添加标记】按钮 ⿴，创建 5 个标记，并重新命名标记，如图 5-13 所示。

2．框选一个立面群组并右击，在快捷菜单中选择【模型信息】命令，在【图元信息】卷展栏中为所选群组选择相应的图层，如图 5-14 所示。同理，将其余 4 个群组也添加到对应图层中。最后将原有的 AutoCAD 图层全部删除。

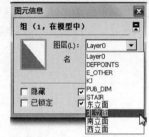

图 5-13                              图 5-14

**提示**

创建图层主要是为了方便对群组进行显示或者隐藏操作，各个图层间的操作互不影响。

3．切换到顶视图，将 4 个立面群组进行平移和旋转操作，结果如图 5-15 所示。

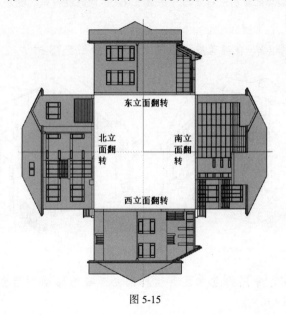

图 5-15

4．切换到右视图，选中东立面群组，单击【旋转】按钮 ↻ ，将东立面群组以红色轴为旋转轴旋转 90°，如图 5-16 所示。

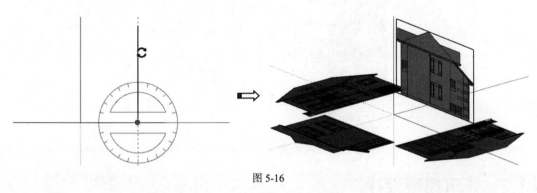

图 5-16

5．同理，对其余 3 个立面群组也进行旋转操作，最后再调整 4 个立面的位置，效果如图 5-17所示。

图 5-17

　　在调整各立面时，应按轴的方向进行旋转，并且可以从不同的视图角度观看，保证图纸对齐。图纸对齐才能确保建立的模型准确。

　　6．单击【矩形】按钮 ⊘，在建筑底面绘制矩形面，如图 5-18 所示。

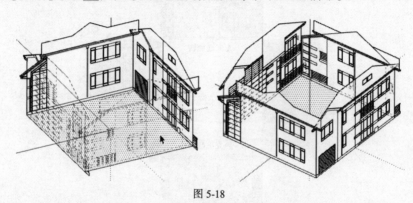

图 5-18

　　7．参照西立面群组，分别将北立面群组和南立面群组移动到西立面群组中的墙边线内 200mm 的位置，如图 5-19 所示。

图 5-19

## 5.1.2　建筑模型设计

　　房屋的建模主要是通过参照 4 个立面群组和屋顶平面群组，通过推/拉、缩放、移动等操作来完成的，以下是详细操作流程。

### 一、创建北立面模型

参照北立面群组，依次创建楼梯、窗户、门和栏杆等组件，并填充相应的材质。

1．双击北立面群组使其进入编辑状态。首先利用【矩形】工具，绘制门与窗的边框，以此切割出门洞、窗洞，如图5-20所示。

图5-20

2．按住Ctrl键选中封闭面和立面图中的某一条线（会自动选择整个立面图中的所有线），再右击，选择快捷菜单中的【交错平面】/【模型交错】命令，对前面绘制的立面图外轮廓封闭面进行拆分（按立面图中的线条进行拆分），如图5-21所示。

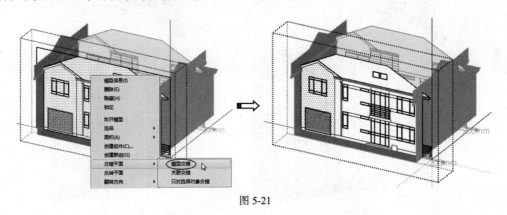

图5-21

3．单击【推/拉】按钮，选取右侧除门、窗的墙面，向外拉出200mm，生成北立面的墙体，如图5-22所示。

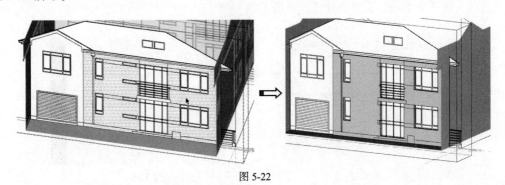

图5-22

4. 将立面图群组炸开。利用【移动】工具🔹将立面图和左侧的墙面向外平移 1225mm，如图 5-23 所示。

5. 利用【矩形】工具▱在左侧墙面上绘制门与窗的边框，如图 5-24 所示。

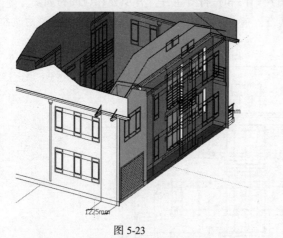

图 5-23                                         图 5-24

6. 利用【推/拉】工具◆将左侧墙面向外拉出 200mm，生成墙体（暂时填充一种颜色给墙体面以便于观察），如图 5-25 所示。

7. 利用【矩形】工具▱绘制矩形面，用来修补左墙体与右墙体之间的空洞。然后将其推拉出，生成墙体，如图 5-26 所示。

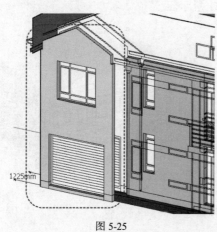

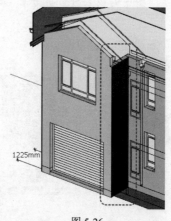

图 5-25                                         图 5-26

8. 在左侧墙体中，利用【推/拉】工具◆选择窗框面，拉出厚度为 100mm 的窗框，如图 5-27 所示。再拉出厚度为 20mm 的窗户玻璃，如图 5-28 所示。

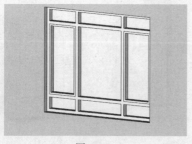
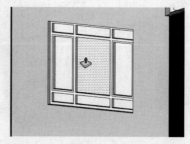

图 5-27                                         图 5-28

如果有些面没有被立面图中的线条完全拆分，可以选中这些面并右击，选择快捷菜单中的【交错平面】/【模型交错】命令，直至面被完全拆分。

9．在【材质】卷展栏中选择【材质】材质库，并在该材质库的【玻璃和镜子】材质文件夹中选择【半透明的玻璃蓝】材质，将其填充给玻璃对象，如图 5-29 所示。

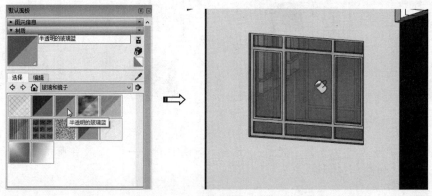

图 5-29

10．在菜单栏中执行【窗口】/【3D 模型库】命令，在打开的【3D 模型库】对话框中搜索并下载【卷帘门】组件，将其放置于左侧墙体的对应位置，如图 5-30 所示。

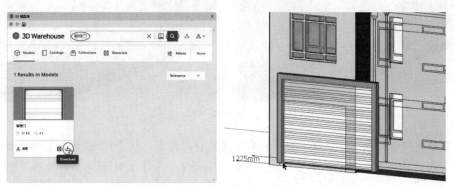

图 5-30

11．单击【比例】按钮，将卷帘门组件缩小到与北立面图中的卷帘门相同，如图 5-31 所示，然后删除北立面群组。

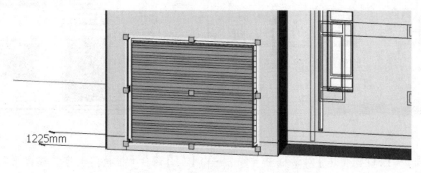

图 5-31

12. 将左侧墙体中的窗框及玻璃创建成群组。利用【移动】工具 ✛，按 Ctrl 键将该群组平移复制到右侧墙体中相同规格的窗洞中，如图 5-32 所示。

13. 按同样的方法在右侧墙体中创建两个小窗户，如图 5-33 所示。

图 5-32                        图 5-33

14. 选取拆分出来的台阶面，先后拉出一、二层台阶，一、二层台阶的拉出长度分别为700mm、350mm，如图 5-34 所示。

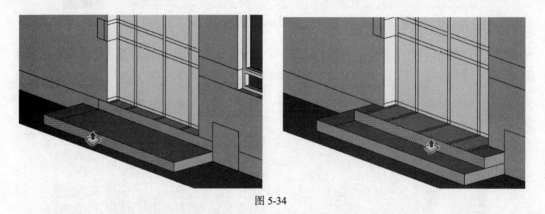

图 5-34

15. 创建大门和阳台门。删除一楼大门和二楼阳台门的面。从【3D 模型库】对话框中搜索并下载【门】组件，将其放置于一楼大门的位置，并利用【比例】工具 🔲 将其缩放到合适大小，如图 5-35 所示。

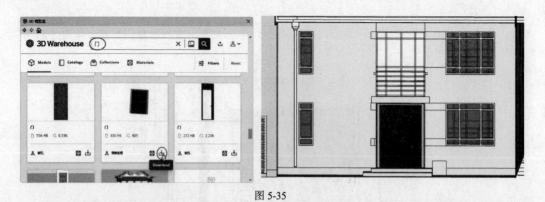

图 5-35

16. 同理，从【3D 模型库】对话框中下载另一个【门】组件（推拉门），将其放置于阳台门位置，并利用【比例】工具 🔲 将其缩放到合适大小，如图 5-36 所示。

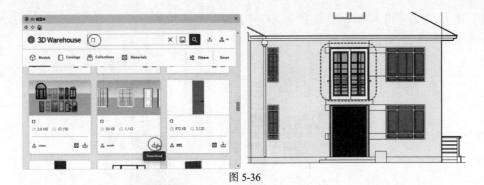

图 5-36

17．利用【推 / 拉】工具拉出阳台（拉出距离为 1053mm），如图 5-37 所示。

18．将墙体及阳台、台阶上的多余线条删除，消除曲面分割。栏杆的创建可以利用坯子库的【栏杆和楼梯 - 汉化 -1.0】插件。此插件安装后会弹出【栏杆 & 楼梯】工具栏。

**提示**

到坯子库官方网站中免费下载插件管理器，安装成功后启动 SketchUp，然后在插件管理器中搜索插件，即可将对应插件安装到 SketchUp 中。

19．利用【偏移】工具从阳台边向里偏移复制（偏移距离为 100mm）出 3 条直线段，如图 5-38 所示，3 条直线段将作为栏杆路径。

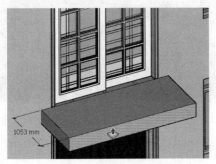

图 5-37

图 5-38

20．选中 3 条直线段，在【SUAPP 3 基本工具栏】中单击【SUAPP 面板】按钮，弹出 SUAPP 插件库面板。在【建筑设施】分类的【栏杆生成】组（或者输入插件编号"328"以搜索）中单击【竖档栏杆 3】插件，在弹出的【设置选项】对话框中输入高度"900"，单击【好】按钮，系统将自动创建栏杆，如图 5-39 所示。

图 5-39

21. 单击【推 / 拉】按钮，拉出排水管（拉出长度为 300mm）和人字形屋顶、屋檐（拉出长度参考东立面图），如图 5-40 所示。

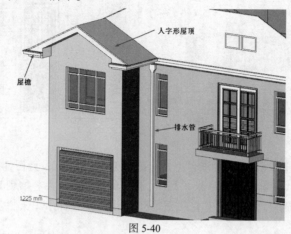

图 5-40

22. 在西立面图中绘制几个矩形作为屋檐轮廓，然后单击【推 / 拉】按钮，拉出右侧墙体顶部的屋檐，如图 5-41 所示。

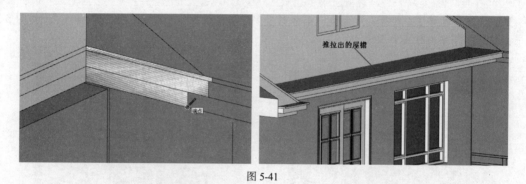

图 5-41

至此，创建完成的北立面模型效果如图 5-42 所示。

图 5-42

## 二、创建西立面模型

1. 西立面的墙体及窗组件并不多，先删除原有西立面群组中的所有封闭面，仅保留线框。再利用【矩形】工具重新绘制墙体轮廓，如图 5-43 所示。

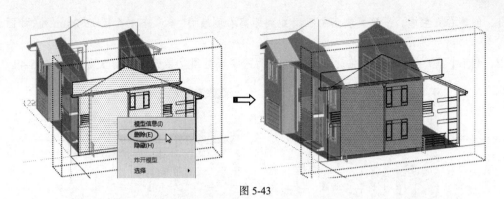

图 5-43

2．按住 Ctrl 键选中重新绘制的墙体轮廓和西立面群组,右击并选择快捷菜单中的【交错平面】/【模型交错】命令，将窗、排水管从墙体轮廓中拆分出来，如图 5-44 所示。

3．将西立面群组整体向东立面方向平移 200mm，如图 5-45 所示。

图 5-44

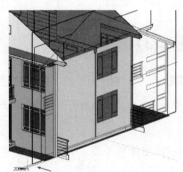

图 5-45

4．双击西立面群组使其进入编辑状态,然后利用【推／拉】工具向外拉出 200mm 厚的墙体，如图 5-46 所示。

5．与北立面群组中的排水管、窗框及玻璃一样，在西立面群组中拉出排水管、窗框及玻璃，并填充相同的玻璃材质给玻璃对象，如图 5-47 所示。

图 5-46

图 5-47

### 三、创建南立面模型

南立面的中间有凸出的部分，建模时需要用到西立面图等。南立面的墙体建模稍微有些复杂，因层次结构不同,需要分5步完成建模:创建右侧主墙、创建左侧主墙、创建门窗、创建中间凸出部分、创建阳台及栏杆。

1．创建右侧主墙。平移复制南立面群组到距离右侧墙面( 参考东立面图 )200mm 处，如图 5-48 所示。

2．利用【推 / 拉】工具 将北立面群组中的人字形屋顶及屋檐拉到南立面中，如图 5-49 所示。

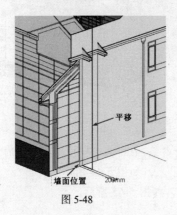

图 5-48                                    图 5-49

3．补齐人字形屋顶的屋檐。由于此处操作步骤较多，建议参考本例视频来建模，补齐的屋檐效果如图 5-50 所示。

**提示**

人字形屋顶的右侧屋檐可参考东立面图来创建，至于人字形屋顶屋檐左侧部分的修补，需要复制右侧屋檐的截面到左侧，再进行拖拉。

4．右侧墙体并不多，可以重新绘制墙面（在激活南立面群组的情况下），如图 5-51 所示。

图 5-50                                    图 5-51

5．利用【推 / 拉】工具 拉出长度为 200mm 的墙体，如图 5-52 所示。

6．右侧墙体中的玻璃幕墙也需要重新绘制封闭面，在不激活南立面群组的情况下绘制的封闭面如图 5-53 所示。

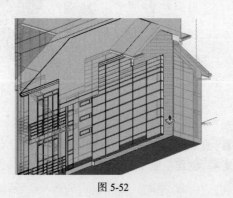

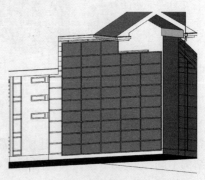

图 5-52                                    图 5-53

7．利用【推／拉】工具先拉出 100mm 厚的幕墙窗框，然后选择框架内的面拉出 20mm，再填充玻璃材质，如图 5-54 所示。

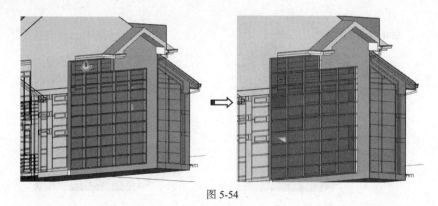

图 5-54

8．将右侧墙体包含的南立面群组（复制得到的群组）炸开，然后删除南立面，仅保留墙体和幕墙，如图 5-55 所示。

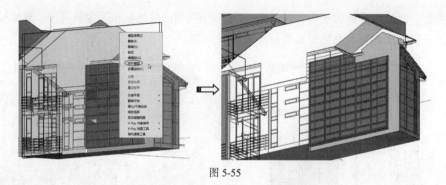

图 5-55

提示

如果删除多余的线和面有难度，可以将南立面群组平移到新位置并炸开，只复制出右侧墙面，再将其余部分全部删除；然后将复制出的墙面平移到原位置，再利用【推／拉】工具拉出墙体。具体操作可以参考本例视频。

9．创建中间凸出的墙体与窗。参考南立面图，将西立面群组复制到新位置，如图 5-56 所示。

10．可以暂时先隐藏东立面群组和西立面群组，然后在复制出的东立面群组中（不激活群组的情况下）绘制凸出的墙体及斜屋顶、屋檐的封闭面，如图 5-57 所示。

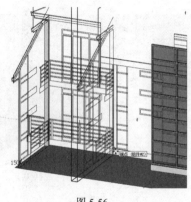

图 5-56

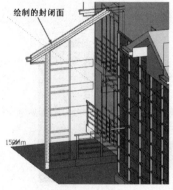

图 5-57

11．接着绘制侧面墙的封闭面，如图 5-58 所示。利用【推/拉】工具拉出厚度为 200mm 的侧面墙，如图 5-59 所示。

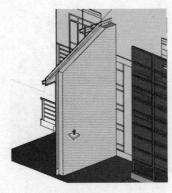

图 5-58　　　　　　　　　　　　　　　图 5-59

12．参考南立面图，利用【推/拉】工具拉出南立面的墙体及屋顶、屋檐等，如图 5-60 所示。

13．在拉出的墙体横截面上绘制直线段，将封闭面分割，以便拉出屋顶及屋檐，如图 5-61 所示。同理，在另一侧的横截面上也绘制直线段对面进行分割。

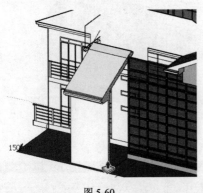
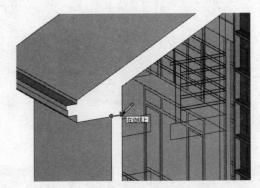

图 5-60　　　　　　　　　　　　　　　图 5-61

14．利用【推/拉】工具在墙体两侧分别拉出斜屋顶与屋檐，如图 5-62 所示。删除复制出的西立面群组。

15．在西立面群组的外墙面上绘制矩形，作为一楼阳台及凸出部分的地板横截面，如图 5-63 所示。

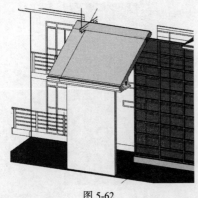
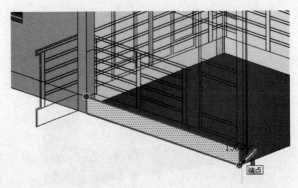

图 5-62　　　　　　　　　　　　　　　图 5-63

16．选取地板横截面，利用【推／拉】工具![]往东立面方向拉出地板，拉至与幕墙地板相接，如图 5-64 所示。

17．凸出部分的另一侧（东侧）不是一般墙体，而是幕墙。其制作方法与南立面的幕墙制作方法是完全一致的，制作出的幕墙效果如图 5-65 所示。

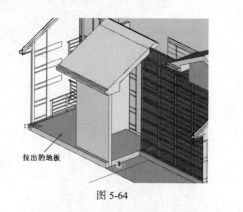

图 5-64

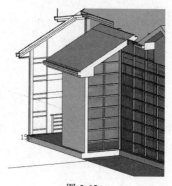

图 5-65

18．同理，在凸出部分的南立面也创建幕墙，如图 5-66 所示。参考南立面图，利用【推／拉】工具![]补齐右侧幕墙上的屋檐，如图 5-67 所示。

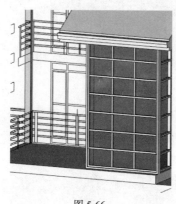

图 5-66

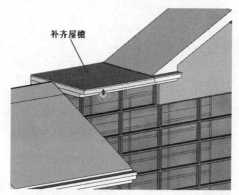

图 5-67

19．参考西立面图绘制封闭面，接着补齐左侧阳台门顶部的屋檐，如图 5-68 所示。

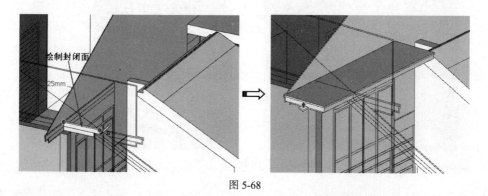

图 5-68

20．把西立面群组中的屋檐部分补齐，方法与上一步相同，效果如图 5-69 所示。

21．利用【推／拉】工具![]将一楼阳台（一楼阳台也称"露台"）的地板向西立面方向拉出，拉出过程中需参考南立面图，如图 5-70 所示。

图 5-69

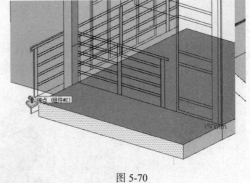

图 5-70

22．绘制二楼阳台截面，然后利用【推 / 拉】工具 拉出二楼阳台，如图 5-71 所示。

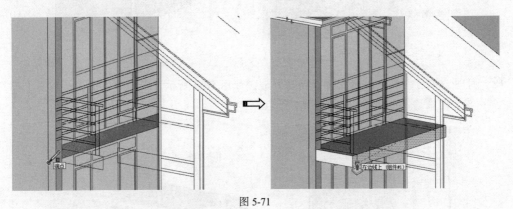

图 5-71

23．创建南立面左侧的墙体。首先绘制封闭面( 留出门洞 )，然后拉出 200mm 厚的墙体，如图 5-72 所示。

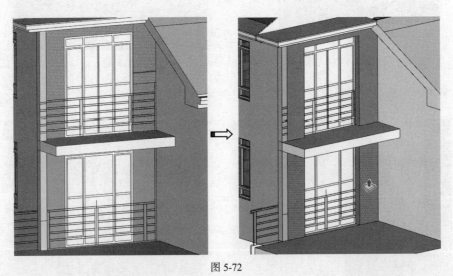

图 5-72

24．将北立面群组中的二楼阳台门复制到南立面群组中，然后利用【比例】工具 调整门的大小。完成后的效果如图 5-73 所示。

25．一、二楼阳台栏杆的创建方法与北立面阳台栏杆的创建方法完全相同，先绘制栏杆路径（距离阳台边 100mm），如图 5-74 所示。

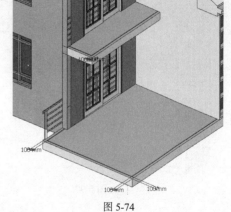

图 5-73　　　　　　　　　　　　　　　　　图 5-74

26．选中栏杆路径，利用 SUAPP 插件库面板【建筑设施】分类的【栏杆生成】组中的【竖档栏杆（样式 3）】插件，创建高度为"900mm"的栏杆，如图 5-75 所示。

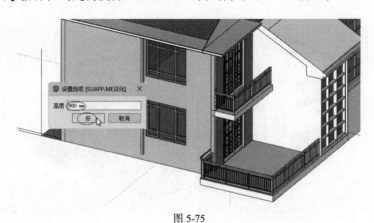

图 5-75

### 四、创建东立面模型

1．将东立面群组向西立面群组方向平移 200mm。

2．双击东立面群组使其进入编辑状态。按住 Ctrl 键选取封闭面和东立面，然后右击，选择快捷菜单中的【交错平面】/【模型交错】命令，将封闭面进行拆分，如图 5-76 所示。

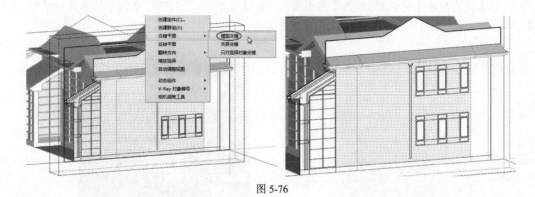

图 5-76

3．利用【推 / 拉】工具 先拉出 200mm 的墙体，接着拉出 300mm 的排水管，如图 5-77 所示。

4．拉出窗框和玻璃，并将玻璃材质填充给玻璃对象，效果如图 5-78 所示。

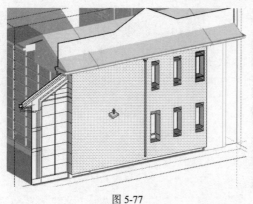

图 5-77

图 5-78

5．将 4 个立面群组中的立面图和多余的面、线等隐藏，仅保留创建的墙体、门窗、阳台及栏杆等元素，如图 5-79 所示。

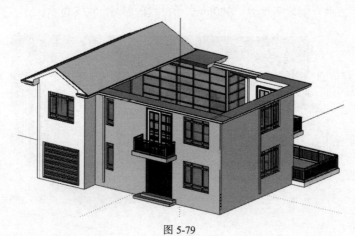

图 5-79

### 五、创建屋顶模型

对屋顶进行单独建模，其拉出高度可以参照图纸，也可根据需要自行设置。

1．切换到俯视图，单击【矩形】按钮☑，在屋顶平面群组中绘制封闭面，如图 5-80 所示。

2．选中绘制的封闭面，在 SUAPP 面板【建筑设施】分类的【1001 工具】组中单击【建坡屋顶】插件，弹出【建坡屋顶】对话框，输入【屋面斜度（a）】参数为"27.75"，输入【屋檐延伸距离（b）】参数为"0"，单击【创建坡屋顶】按钮，如图 5-81 所示。

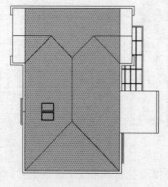

图 5-80

图 5-81

3．切换到俯视图，将创建的坡屋顶平移到屋檐的相同位置的顶点上，如图 5-82 所示。

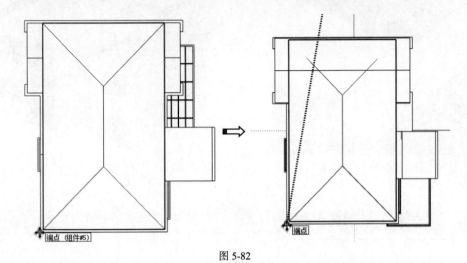

图 5-82

4．由于坡屋顶与人字形屋顶的斜面有少许误差，所以要重新绘制封闭面。将坡屋顶（自动生成的组件）炸开，如图 5-83 所示。

5．炸开后删除有误差的面，如图 5-84 所示。

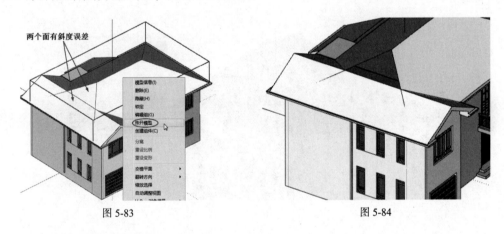

图 5-83                                              图 5-84

6．利用【直线】工具 ✐ 重新绘制封闭面，如图 5-85 所示。

7．隐藏形成交叉的线，如图 5-86 所示。

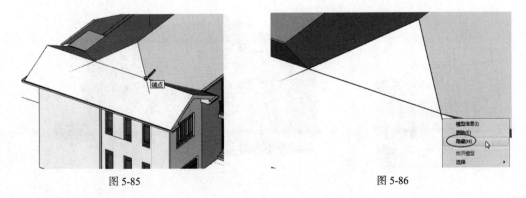

图 5-85                                              图 5-86

坡屋顶修复好的效果如图 5-87 所示。最终完成的别墅模型如图 5-88 所示。

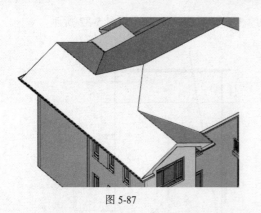

图 5-87

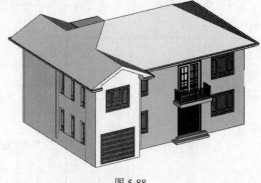

图 5-88

## 5.1.3 填充材质与填充组件

对建好的别墅模型填充相应的材质，并对别墅场地进行设计和材质填充，然后添加一些组件。

### 一、填充建筑物材质

1. 在【材质】卷展栏中，为坡屋顶填充系统材质库中的【屋顶】/【西班牙式屋顶瓦】材质，如图 5-89 所示。

图 5-89

2. 为墙面填充系统材质库中的【瓦片】/【正方形玻璃瓦 03】材质（实际上为马赛克材质），如图 5-90 所示。

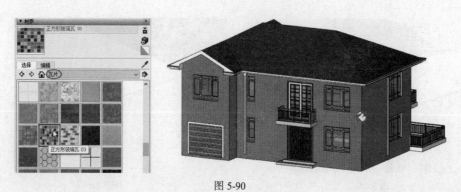

图 5-90

3. 为阳台地板、台阶填充系统材质库中的【石头】/【大理石 Carrera】材质，如图 5-91 所示。

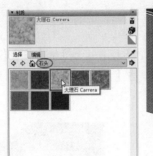
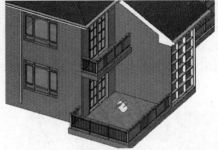

图 5-91

4．为窗户及卷帘门填充系统材质库中的【金属】/【铝】材质，如图 5-92 所示。

5．为 3 个阳台门填充 SketchUp 材质库中的【木质纹】/【饰面木板 01】材质，如图 5-93 所示。

图 5-92　　　　　　　　　　　　　　　　图 5-93

## 二、别墅场地设计与材质填充

1．切换到俯视图，绘制一个大的矩形作为地面，如图 5-94 所示。

2．单击【矩形】按钮▱，在大门位置绘制路面，如图 5-95 所示。

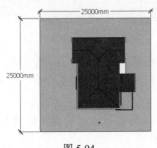

图 5-94　　　　　　　　　　　　　　　　图 5-95

3．单击【偏移】按钮▱，将地面向内偏移复制，偏移距离为 300mm，如图 5-96 所示。利用【推/拉】工具▱将偏移复制出的面拉出一定高度（高度为 1200mm），形成院落围墙，如图 5-97 所示。

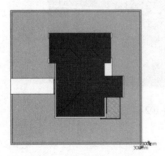

图 5-96　　　　　　　　　　　　　　　　图 5-97

4．在围墙上选取墙边线，对其进行偏移复制，偏移距离为150mm，得到墙中心线，如图5-98所示。

5．选取墙中心线，在SUAPP面板【建筑设施】分类的【栏杆生成】组中单击【栅格栏杆】插件，在弹出的【设置选项】对话框中输入高度"1000mm"，单击【好】按钮，系统将自动创建围墙栏杆，如图5-99所示。

图 5-98          图 5-99

6．给围墙填充【材质】卷展栏中的【砖、覆层和壁板】/【料石板】材质，给大门处的路面填充【沥青和混凝土】/【新柏油路】材质，给围墙内的场地填充【园林绿化、地被层和植被】/【草被1】材质，效果如图5-100所示。

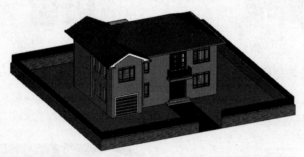

图 5-100

7．在【组件】卷展栏中单击【详细信息】按钮 ，在弹出的菜单中选择【打开或创建本地集合】命令，选择本例源文件夹中的"组件1"文件夹，将该文件夹中的所有组件导入【组件】卷展栏中，如图5-101所示。

8．选择【门组件】组件，将其放置到围墙中，然后通过平移、旋转及缩放等操作完成门组件的放置，如图5-102所示。

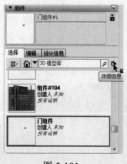
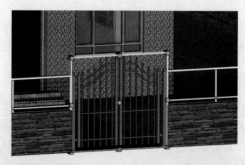

图 5-101          图 5-102

9．陆续将休闲椅、灯柱、秋千、喷水池、人物、植物等组件放置到场地中，最终完成的别墅效果如图5-103所示。

图 5-103

# 5.2 室内设计案例

本案例以一张 AutoCAD 室内平面图纸为基础，介绍如何根据室内平面图迅速创建室内模型。

本案例要设计两室一厅的小户型，建筑面积为 72.3m²，使用面积为 53.5m²。整个室内空间包括主卧、次卧、客厅和餐厅、阳台、卫生间、厨房 6 个部分，其中客厅和餐厅相通。

室内设计风格以简约温馨、现代时尚为主，整个空间以绿色为主色调。为客厅制作简单的装饰墙和装饰柜，对室内各个房间采用不同的壁纸和瓷砖材质进行填充，导入一些室内家具及装饰组件，最后进行室内空间渲染和后期处理，使室内效果更加完美。图 5-104 ~ 图 5-106 所示为室内建模效果，图 5-107 ~ 图 5-109 所示为渲染后期效果。主要操作流程如下。

（1）在 AutoCAD 中整理平面图纸。

（2）导入图纸。

（3）创建模型。

（4）填充材质。

（5）导入组件。

（6）创建场景。

图 5-104

图 5-105

图 5-106

图 5-107

图 5-108 　　　　　　　　　　　　　图 5-109

# 5.2.1　整理并导入图纸

首先在 AutoCAD 中对图纸进行整理，然后将其导入 SketchUp，以便进行描边、封面等操作。

## 一、在AutoCAD中整理平面图纸

AutoCAD 平面设计图纸里含有大量的文字、图层、线和图块等信息，如果直接导入 SketchUp，会增加建模的复杂性，所以一般先在 AutoCAD 中进行处理，将多余的线删除，使设计图纸简单化。图 5-110 所示为室内平面原图，图 5-111 所示为简化图。

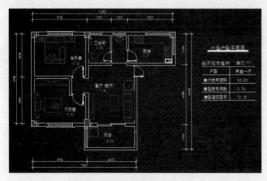
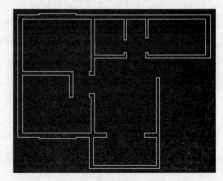

图 5-110 　　　　　　　　　　　　　图 5-111

1．启动 AutoCAD，在命令行中输入 "PU"，按 Enter 键确认，打开【清理】对话框，如图 5-112 所示。

2．在【清理】对话框中单击【全部清理】按钮，弹出图 5-113 所示的【清理 - 确认清理】对话框，选择【清理所有项目】选项，自动完成图纸的清理。

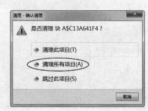

图 5-112 　　　　　　　　　　　　　图 5-113

3．完成图纸清理后，【清理】对话框中的【全部清理】按钮变成灰色状态，单击【关闭】按钮，如图 5-114 所示，关闭对话框。

4．在 SketchUp 中优化场景。在菜单栏中执行【窗口】/【模型信息】命令，弹出【模型信息】对话框，参数设置如图 5-115 所示。

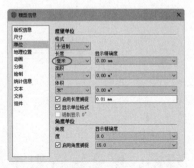

图 5-114                  图 5-115

## 二、导入图纸

将 AutoCAD 图纸导入 SketchUp，并以线框形式显示。

1．启动 SketchUp Pro 2023，在菜单栏中执行【文件】/【导入】命令，弹出【导入】对话框。

2．将导入文件类型设置为"AutoCAD 文件（*.dwg, *.dxf）"格式，然后选择"室内平面设计图 2.dwg"，如图 5-116 所示。

图 5-116

3．单击【导入】对话框中的【选项 ...】按钮，弹出【导入 AutoCAD DWG/DXF 选项】对话框，在【单位】下拉列表中选择【毫米】选项，单击【好】按钮，如图 5-117 所示，关闭对话框。

4．在返回的【导入】对话框中单击【导入】按钮，弹出【导入结果】对话框。单击【关闭】按钮，如图 5-118 所示，关闭【导入结果】对话框。

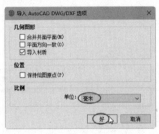

图 5-117                  图 5-118

导入 SketchUp 中的 AutoCAD 图纸是以线框形式显示的，如图 5-119 所示。

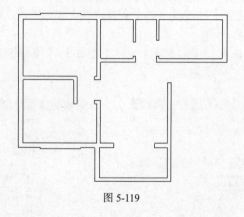

图 5-119

## 5.2.2 建模、填充材质和导入组件

参照图纸创建模型，主要包括创建室内空间、绘制装饰墙、绘制阳台，然后再填充材质、导入组件等。

### 一、创建室内空间

将导入的图纸中的线条封闭，形成封闭面，以快速建立空间模型。

1．单击【直线】按钮✐，将断掉的线条进行连接，使其形成一个封闭面，无须完全按照图纸进行绘制，如图 5-120 和图 5-121 所示。

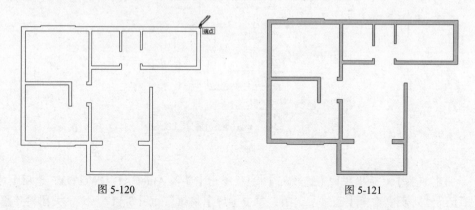

图 5-120                    图 5-121

2．单击【推 / 拉】按钮◈，将封闭面向上拉出 3200mm，形成室内空间，如图 5-122 所示。

3．单击【擦除】按钮◈，将多余的线条删除，如图 5-123 所示。

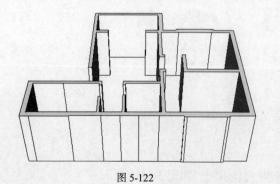

图 5-122

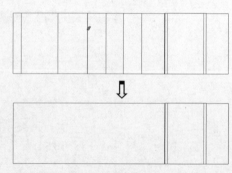

图 5-123

4．单击【矩形】按钮⬚，将室内地面封闭，如图 5-124 和图 5-125 所示。

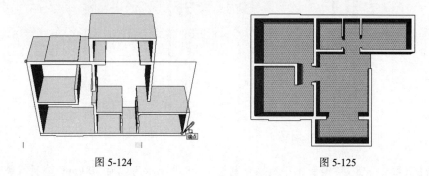

图 5-124                                      图 5-125

### 二、绘制装饰墙

在客厅背景墙处绘制一个简单的装饰墙，使室内客厅更加丰富多彩。

1．单击【矩形】按钮⬚，在墙面绘制矩形，矩形的大小根据所在墙体的大小而定，如图 5-126 和图 5-127 所示。这里没有给出实际尺寸，读者可以根据自己图纸的尺寸来绘制。

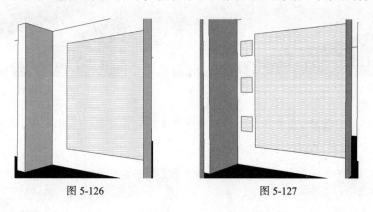

图 5-126                                      图 5-127

2．单击【推 / 拉】按钮✥，将 3 个小矩形面和 1 个大矩形面分别向里推 50mm 和 100mm，结果如图 5-128 所示。

3．单击【直线】按钮✏，绘制图 5-129 所示的 L 形封闭面。

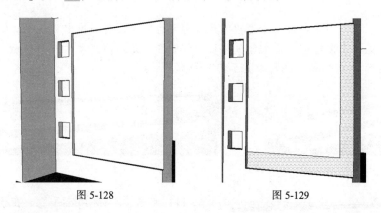

图 5-128                                      图 5-129

4．单击【偏移】按钮⬘，选取 L 形封闭面的边向里偏移复制两次，第一次偏移复制的距离为 50mm，第二次偏移复制的距离为 100mm，结果如图 5-130 所示。

5．单击【推 / 拉】按钮✥，将上一步中第一次偏移复制出的封闭面往墙外拉出 30mm，将第二次偏移复制出的封闭面往墙外拉出 15mm，结果如图 5-131 所示。

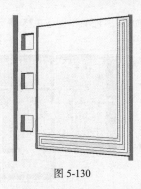
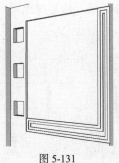

图 5-130                                    图 5-131

6．单击【直线】按钮 ✏️，绘制水平线以分割墙面，水平线距离地面 300mm，绘制结果如图 5-132 所示。

7．单击【推 / 拉】按钮 ◆，将分割出来的墙面向外拉出 500mm 形成台阶，如图 5-133 所示。

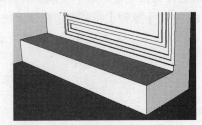

图 5-132                                    图 5-133

8．单击【直线】按钮 ✏️，在台阶顶面连接两短边的中心点绘制一条中心线，以此分割台阶顶面，如图 5-134 和图 5-135 所示。

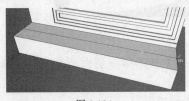

图 5-134                                    图 5-135

9．单击【推 / 拉】按钮 ◆，将分割出来的一部分台阶顶面向下推出 230mm，如图 5-136 所示。

10．单击【矩形】按钮 ▱，在推出的立面上绘制 3 个矩形面，尺寸为 700mm×160mm，相邻矩形面之间的距离为 190mm，结果如图 5-137 所示。

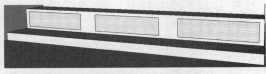

图 5-136                                    图 5-137

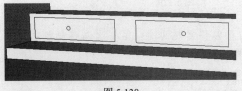

图 5-138

11．单击【圆形】按钮 ⊙，在 3 个矩形面上分别绘制小圆形作为抽屉把手，如图 5-138 所示。

12．单击【推 / 拉】按钮 ◆，分别将矩形面和其中的小圆面向外拉出 10mm 和 20mm，形成抽屉和抽屉把手，如图 5-139 所示。装饰墙的效果如

图 5-140 所示。

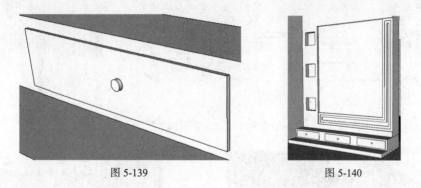

图 5-139                    图 5-140

### 三、绘制阳台

单独推拉出阳台效果，并利用建筑插件快速创建阳台栏杆。

1. 单击【直线】按钮 ✎，绘制直线段分割墙顶面，如图 5-141 所示。

2. 单击【推 / 拉】按钮 ◆，将分割出来的部分墙顶面向下推 2900mm，形成阳台栏杆的基座，结果如图 5-142 所示。

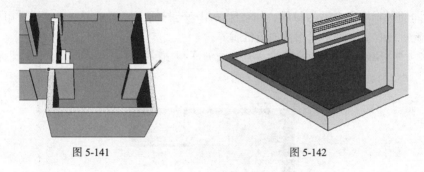

图 5-141                    图 5-142

3. 打开 SUAPP 插件库面板，如图 5-143 所示。选中阳台栏杆基座的一条边线，如图 5-144 所示。

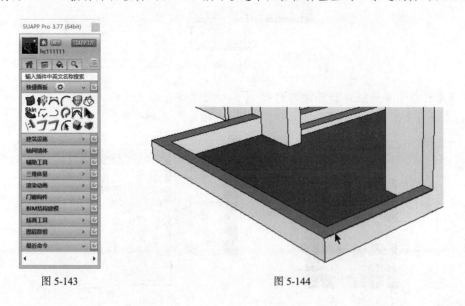

图 5-143                    图 5-144

4. 在【建筑设施】分类中单击【线转栏杆】按钮 ⊞，在弹出的【参数设置】对话框中设置栏杆和扶手参数，单击【好】按钮创建阳台栏杆，如图 5-145 和图 5-146 所示。

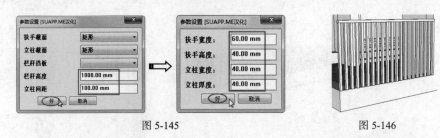

图 5-145            图 5-146

5. 依次选中其他边线，再创建阳台栏杆，如图 5-147 所示。

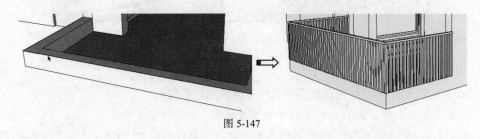

图 5-147

### 四、填充材质

根据不同的场景填充合适的材质，如客厅采用地砖材质，墙面采用壁纸材质，厨房和卫生间采用一般的地拼砖材质，卧室采用木地板材质等。

1. 为了方便对每个房间填充材质，单击【直线】按钮 ✏，绘制直线段，按房间区域分割地面，如图 5-148 所示。

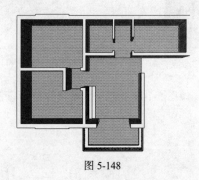

图 5-148

2. 在【材质】卷展栏中选择地砖材质（【地拼砖】类型中的【Floor Tile（23）】）填充客厅，可适当在【编辑】选项卡中调整材质尺寸，如图 5-149 和图 5-150 所示。

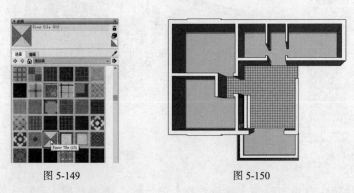

图 5-149            图 5-150

3. 为阳台填充合适的材质，如图 5-151 和图 5-152 所示。

图 5-151

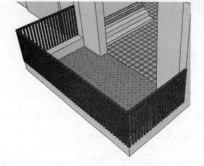

图 5-152

4．为卫生间、厨房填充合适的材质，如图 5-153 和图 5-154 所示。

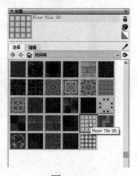

图 5-153

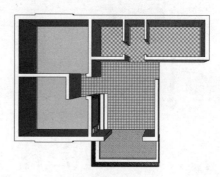

图 5-154

5．为卧室填充木地板材质，如图 5-155 和图 5-156 所示。

图 5-155

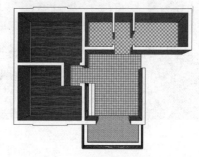

图 5-156

6．为客厅装饰墙填充合适的材质，如图 5-157 所示。

7．依次填充室内其他部分的材质，如图 5-158 所示。

图 5-157

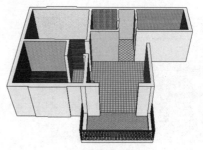

图 5-158

### 五、导入组件

导入室内组件，让室内空间变得更丰富，这是建模中很重要的环节。

1．在菜单栏中执行【文件】/【打开】命令，在新窗口中打开本例源文件夹中的"电视组合.skp"组件模型，如图5-159所示。

2．按Ctrl+C组合键复制电视机与音箱组件。在菜单栏中打开【文件】菜单，在【文件】菜单底部找到本例的.skp文件并将其打开。在本例模型的创建窗口中粘贴电视机与音箱组件，并对其进行重新布置，如图5-160所示。

图5-159　　　　　　　　　　　图5-160

3．同理，在新窗口中打开本例源文件夹中的"装饰品.skp"组件模型，把装饰品组件复制、粘贴到本例模型的创建窗口中，并对其进行布置，如图5-161和图5-162所示。

图5-161　　　　　　　　　　　图5-162

4．打开本例源文件夹中的"沙发组件.skp"组件模型，复制沙发和茶几组件，将其粘贴到本例模型的创建窗口中的客厅位置，如图5-163所示。

5．打开本例源文件夹中的"餐桌.skp"组件模型，复制餐桌组件，将其粘贴到本例模型的创建窗口中的餐厅位置，如图5-164所示。

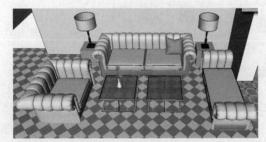 

图5-163　　　　　　　　　　　图5-164

6．打开【SUAPP-SketchUP 模型库】对话框，搜索"推拉门"，下载推拉门组件并将其布置到阳台一侧的门洞中，再利用【直线】工具 ✐ 和【推／拉】工具 ✧ 将门洞上方的墙补齐，如图 5-165所示。

7．打开本例源文件夹中的"门帘 .skp"组件模型，复制门帘组件并将其粘贴到本例模型的创建窗口中，再将门帘组件放置于内墙的推拉门上，如图 5-166 所示。

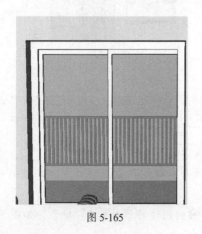

图 5-165           图 5-166

8．打开本例源文件夹中的"装饰画 .skp"组件模型，复制装饰画组件并粘贴到本例模型的创建窗口中的客厅、餐厅的墙面上，如图 5-167 和图 5-168 所示。

图 5-167           图 5-168

9．单击【矩形】按钮 ▱，绘制矩形，以封闭室内空间，如图 5-169 和图 5-170 所示。

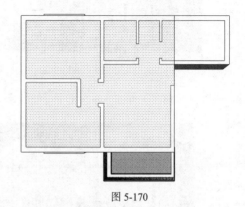

图 5-169           图 5-170

10．按照前面步骤中介绍的添加组件的方法，为客厅顶面和餐厅顶面添加吊灯组件，如图 5-171和图 5-172 所示。

图 5-171　　　　　　　　　　　　图 5-172

### 5.2.3　创建场景

为客厅和餐厅创建 3 个室内场景，方便浏览室内空间。

1．在菜单栏中执行【相机】/【两点透视图】命令，设置两点透视效果，调整好视图角度和相机位置，如图 5-173 所示。

2．在【场景】卷展栏中单击【添加场景】按钮 ⊕，创建"场景号 1"场景，如图 5-174 所示。

图 5-173　　　　　　　　　　　　图 5-174

3．调整视图角度并单击【添加场景】按钮 ⊕，创建"场景号 2"场景，如图 5-175 和图 5-176 所示。

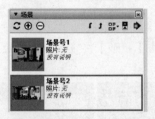

图 5-175　　　　　　　　　　　　图 5-176

4．调整视图角度并单击【添加场景】按钮 ⊕，创建"场景号 3"场景，如图 5-177 和图 5-178 所示。

图 5-177　　　　　　　　　　　　图 5-178

# 第 6 章

# 建筑地形设计

本章介绍如何使用 SketchUp 中的沙箱工具创建不同的地形场景。

## 6.1 地形在景观中的作用

从地理角度来看，地形是地貌和地物的统称。地貌是地表面高低起伏的自然形态，地物是地表面自然形成和人工建造的固定性物体。不同地貌和地物的错综结合就会形成不同的地形，如平原、丘陵、山地、高原、盆地等。图 6-1 和图 6-2 所示为常见的丘陵地形。

图 6-1

图 6-2

地形在景观中发挥着多方面的重要作用，主要包括地形塑造、美学造景和工程辅助等。

### 一、地形塑造

在景观设计的各个要素中，地形可以说是最为重要的一个。地形是景观设计中其他要素的载体，为其余各个要素（如水体、植物、构筑物等）的存在提供了一个依附的平台。地形就像动物的骨架，是其他景观设计要素的基础。没有合适的地形，其他景观元素就无法有效地发挥作用。从某种意义来讲，景观设计中的地形决定着景观方案的结构关系，也就是说，在地形的作用下，景观中的轴线、功能分区、交通路线才能有效地结合。

**二、美学造景**

地形在景观设计中发挥了极大的美学作用。地形可以更为容易地模仿出自然的空间，如林间的斜坡、点缀着棵棵松柏的深谷等。我国的绝大多数古典园林都是根据地形来进行设计的，例如苏州的狮子林和网师园、无锡的寄畅园、扬州的瘦西湖等。它们都充分地利用了地形的起伏变换，或山或水，对空间进行精心的构建，对建筑进行巧妙的布局，从而营造出让人难以忘怀的自然意境，给游人以美的享受。

地形在景观设计中还可以起到造景的作用。地形可以作为景物的背景，以衬托出主景，同时也起到增加景观深度，丰富景观层次的作用，使景观有主有次。由于地形本身具备各种特征，如起伏的坡地，开阔平坦的草地、水面和层峦叠嶂的山地等，其自身就是景观。而且地形的起伏为绿化植被的立面发展创造了良好的条件，避免了植物种植的单一和单薄。图6-3和图6-4所示为景观地形设计效果。

图 6-3

图 6-4

**三、工程辅助**

众所周知，城市是非农业人口聚集的地方。城市空间往往给人一种建筑感和人工色彩非常厚重的压抑感。景观行业的兴起在很大程度上是受到人们对这种压抑的反抗。如明代计成所言"凡结林园，无分村郭，地偏为胜"，可见今天的城市限制了景观园林存在的方式。地形在改变这一状况方面发挥了很大的作用，可以通过控制景观高度来构成不同的空间类型。如坡地、山体和水体可以构成半封闭或封闭的景观公园。

合理的地形设计有利于景区内排水，防止地面积涝。如我国南方地区的雨水比较充沛，地形的起伏有助于雨水的排放。地形的利用还可以增加城市绿地量。研究表明，在一块面积为 $5m^2$ 的平面绿地上可种植两三棵树，而设计成起伏的地形后，树的种植量可增加一两棵，绿地量可增加约 30%。

# 6.2 沙箱工具

SketchUp 的沙箱工具可以生成和操纵地形表面。沙箱工具包括根据等高线创建、根据网格创建、曲面起伏、曲面平整、曲面投射、添加细部、对调角线 7 种。图6-5所示为【沙箱】工具栏。

图 6-5

初次使用 SketchUp 时，【沙箱】工具栏不会显示在工具栏区域，需要将其调取出来。在工具栏空白位置右击，在快捷菜单中选择【沙箱】命令，如图 6-6 所示，调出【沙箱】工具栏。或者在菜单栏中执行【视图】/【工具栏】命令，在弹出的【工具栏】对话框中勾选【沙箱】复选框，如图 6-7 所示。

图 6-6

图 6-7

# 6.2.1 【根据等高线创建】工具

利用【根据等高线创建】工具 ⚿ 可以使封闭且相邻的等高线形成三角面。等高线可以是直线、圆、圆弧或样条曲线，将这些闭合或者不闭合的线形成一个面，即可产生坡地。

【例 6-1】 创建等高线。

1．单击【圆】按钮 ⊘，绘制几个封闭曲面，如图 6-8 所示。

2．因为需要的是线而不是面，所以需要删除面，删除面后如图 6-9 所示。

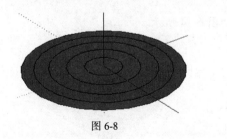

图 6-8

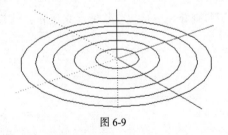

图 6-9

3．单击【移动】按钮 ✤，移动每条线，使其与蓝色轴对齐，如图 6-10 所示。

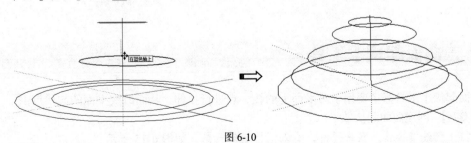

图 6-10

4．选中所有等高线，单击【根据等高线创建】按钮 🐾，创建一个像小山丘的等高线坡地，如图 6-11 所示。

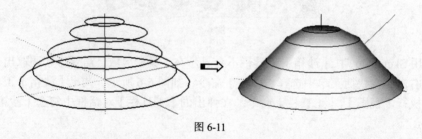

图 6-11

## 6.2.2 【根据网格创建】工具

【根据网格创建】工具 🎲 主要用于绘制平面网格。该工具只有与其他沙箱工具配合使用，才能起到一定效果。

【例 6-2】 创建网格。

1．单击【根据网格创建】按钮 🎲，这时测量数值框以"栅格间距"名称显示，输入"2000"后按 Enter 键确认。

2．在场景中单击以确定网格的第一点，按住 Shift 键水平向右拖动鼠标，如图 6-12 所示。

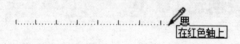

图 6-12

3．在测量数值框中输入"10000"并按 Enter 键确认，定义水平方向上的网格总长度。向下拖动鼠标，在测量数值框中输入"10000"后按 Enter 键确认，定义竖直方向上的网格总长度，如图 6-13 所示。

4．网格创建完成后按空格键结束操作，结果如图 6-14 所示。

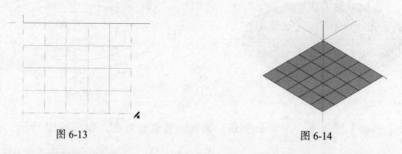

图 6-13                                        图 6-14

## 6.2.3 【曲面起伏】工具

【曲面起伏】工具 🔶 主要用于对平面上的线、点进行拉伸，从而改变平面的起伏度。

【例 6-3】 创建曲面起伏效果。

1．接上例继续操作。双击网格，进入网格编辑状态，如图 6-15 所示。

2．单击【曲面起伏】按钮，进入创建曲面起伏效果的状态，如图6-16所示。

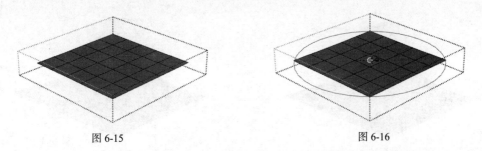

图6-15 　　　　　　　　　　　　　　　　图6-16

3．红色的圈代表曲面起伏的影响范围，在测量数值框中输入值可以更改红色圈的半径，如输入"5000"，按Enter键确认。单击网格并向上拖动，拖动至合适高度后在场景中单击，完成曲面起伏效果的创建，如图6-17所示。

4．在测量数值框中输入"500"，改变红色圈的半径，再向上拖动网格可以创建图6-18所示的曲面起伏线效果。

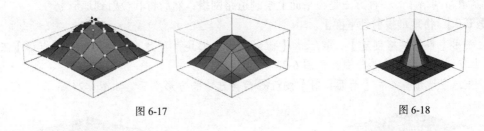

图6-17 　　　　　　　　　　　　　　　　图6-18

## 6.2.4 【曲面平整】工具

当一个模型处于有坡度和高度差的地形上时，可利用【曲面平整】工具将地形向上偏移一定距离且附着到模型底部。

【例6-4】 创建曲面平整效果。

1．利用【根据网格创建】工具绘制一个栅格间距为2000mm、水平方向总长度为16000mm、竖直方向总长度为16000mm的网格。利用【曲面起伏】工具将网格创建成有曲面起伏效果的地形，利用【矩形】工具和【推/拉】工具创建一个长为2500mm、宽为4000mm、高为2000mm的长方体模型，如图6-19所示，将长方体模型创建为组件。

2．利用【移动】工具移动长方体组件到地形正上方,并保持长方体组件的选中状态,如图6-20所示。

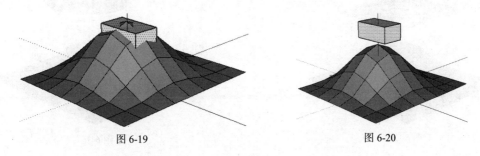

图6-19 　　　　　　　　　　　　　　　　图6-20

3．单击【曲面平整】按钮，这时长方体组件下方会出现一个红色线框，如图6-21所示。

4．选中地形并向上拖动，使地形与长方体组件对齐，结果如图 6-22 所示。

图 6-21　　　　　　　　　　　　　　　图 6-22

## 6.2.5　【曲面投射】工具

曲面投射是在地形上设计道路网络的方法。其中一种方法是将地形投射到平面上，然后在平面上绘制道路网络；另一种方法是在平面上绘制道路网络，然后将其投射到地形上。

【例 6-5】　将地形投射到平面上。

1．利用【根据网格创建】工具▦和【曲面起伏】工具▦创建地形，再利用【矩形】工具▱在地形上方创建一个长方形平面，如图 6-23 所示。

2．先选中地形，单击【曲面投射】按钮▨后再选中长方形平面，如图 6-24 所示。

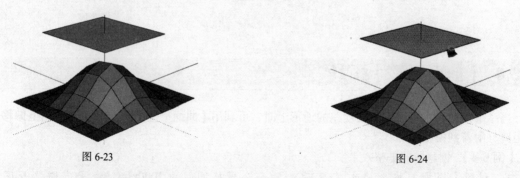

图 6-23　　　　　　　　　　　　　　　图 6-24

随后地形上的网格被投射到长方形平面上，如图 6-25 所示。

【例 6-6】　将平面投射到地形上。

1．使用【例 6-5】中的地形。利用【圆】工具⊙在地形正上方创建一个圆平面。单击【曲面投射】按钮▨，选中圆平面，如图 6-26 所示。

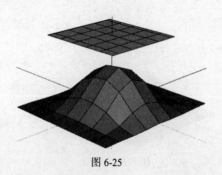

图 6-25

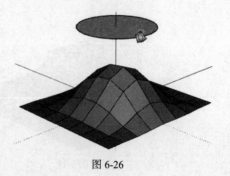

图 6-26

2．再选中地形，如图 6-27 所示。

随后圆平面的轮廓被投射到地形上，如图 6-28 所示。

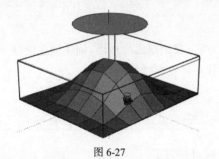

图 6-27

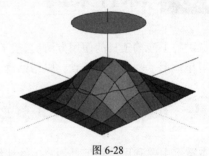

图 6-28

# 6.2.6 【添加细部】工具

【添加细部】工具🔲主要用于将地形按需要进行细分，以达到精确的地形效果。

【例 6-7】 细分曲面。

1．使用【例 6-5】中的地形。双击地形使其处于编辑状态，如图 6-29 所示。

2．框选整个地形的曲面，如图 6-30 所示。

3．单击【添加细部】按钮🔲，当前选中的曲面随即被细分，如图 6-31 所示。

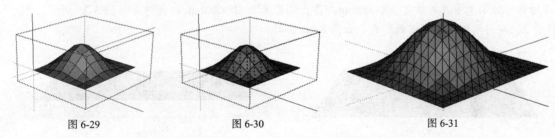

图 6-29                   图 6-30                          图 6-31

# 6.2.7 【对调角线】工具

【对调角线】工具🔲主要用于对四边形的对角线进行翻转，使模型产生变化。

【例 6-8】 对调角线。

1．使用【例 6-5】中的地形。双击地形使其处于编辑状态，单击【对调角线】按钮🔲，移动鼠标指针到地形中的网格线上，如图 6-32 所示。

2．单击，网格线随后发生翻转，结果如图 6-33 所示。

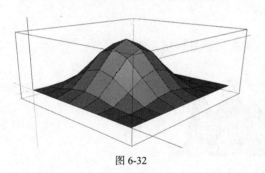

图 6-32

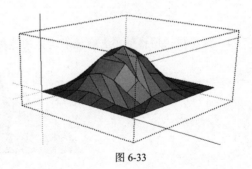

图 6-33

# 6.3 综合案例

在讲解了沙箱工具的使用方法后,接下来主要利用沙箱工具创建山峰地形、创建颜色渐变地形、创建卫星地形、塑造地形场景,以帮助读者迅速掌握创建不同地形场景的方法。

## 6.3.1 案例 1:创建山峰地形

本案例主要利用沙箱工具创建山峰地形,效果如图 6-34 所示。

图 6-34

1.单击【根据网格创建】按钮 ![], 在测量数值框中输入栅格间距值 "2000" 并按 Enter 键确认,在场景中绘制水平总长度为 200000mm、竖直总长度为 100000mm 的网格,如图 6-35 所示。

2.双击网格,进入编辑状态,如图 6-36 所示。

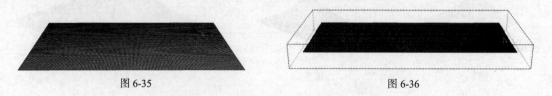

图 6-35                                         图 6-36

3.单击【曲面起伏】按钮 ![], 在测量数值框中输入红色圈的半径值 "10000",再拖动网格创建曲面起伏的效果,如图 6-37 所示。

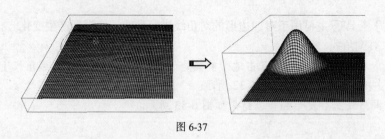

图 6-37

4.继续拖动网格创建有高低层次感的连绵山锋效果,如图 6-38 所示。

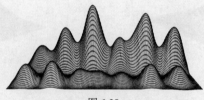

图 6-38

5．选中地形，在【柔化边线】卷展栏中勾选【平滑法线】和【软化共面】复选框，如图 6-39 所示。

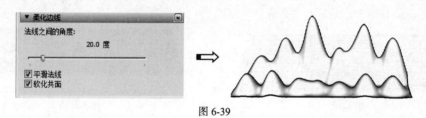

图 6-39

6．在【材质】卷展栏中选择【模糊植被 02】材质，将其填充给地形，如图 6-40 所示。

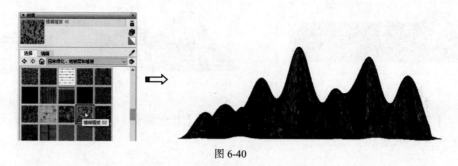

图 6-40

## 6.3.2　案例 2：创建颜色渐变地形

本案例主要利用一张渐变图片对地形进行投影。图 6-41 所示为效果图。

图 6-41

1．在 Photoshop 中利用渐变工具制作一张带有颜色渐变效果的图片，如图 6-42 和图 6-43 所示。完成后导出图片。

图 6-42

图 6-43

2．在 SketchUp 中单击【根据网格创建】按钮，绘制网格，如图 6-44 所示。

3．双击网格进入编辑状态，单击【曲面起伏】按钮，创建山体，如图 6-45 ～图 6-47 所示。

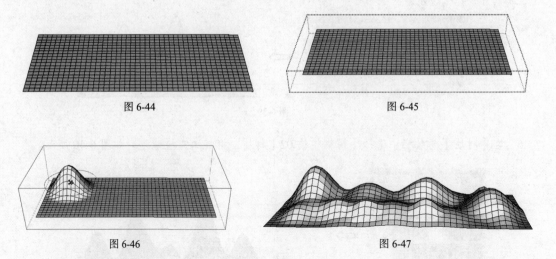

图 6-44 图 6-45

图 6-46 图 6-47

4．在【柔化边线】卷展栏中勾选【平滑法线】和【软化共面】复选框，得到平滑地形效果，如图 6-48 和图 6-49 所示。

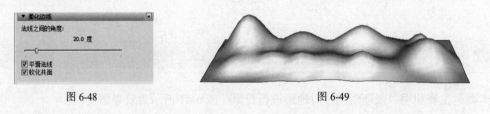

图 6-48 图 6-49

5．在菜单栏中执行【文件】/【导入】命令，导入颜色渐变图片并将其摆放在合适的位置，如图 6-50 所示。

6．单击【比例】按钮，对图片进行适当缩放，使其与地形相匹配，如图 6-51 所示。

图 6-50 图 6-51

7．按住 Ctrl 键依次选中图片和地形，右击并选择快捷菜单中的【炸开模型】命令，如图 6-52 所示，将图片和地形炸开。

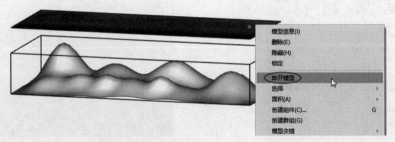

图 6-52

当用户创建地形后，系统会自动将地形转为群组。从外部导入的图片，原本是一个二维平面，在 SketchUp 中会表现为组件形态。

8. 在【材质】卷展栏中单击【样本颜料】按钮，吸取图片材质，如图 6-53 和图 6-54 所示。

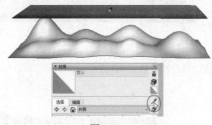 

图 6-53                                    图 6-54

9. 对地形填充吸取的材质，如图 6-55 所示。

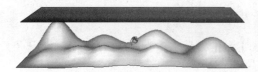 

图 6-55

10. 删除图片，颜色渐变的山体效果如图 6-56 所示。

图 6-56

## 6.3.3 案例 3：创建卫星地形

本案例主要利用一张卫星地形图片对地形进行投影。图 6-57 所示为效果图。

图 6-57

1. 单击【根据网格创建】按钮，绘制网格，如图 6-58 所示。

图 6-58

2．双击网格进入编辑状态，单击【曲面起伏】按钮 ，创建起伏地形，如图 6-59 和图 6-60 所示。

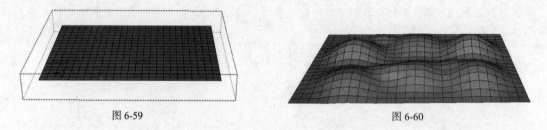

图 6-59                               图 6-60

3．选中起伏地形，单击【添加细部】按钮 ，细分网格，如图 6-61 所示。

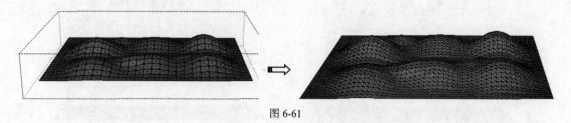

图 6-61

4．在【柔化边线】卷展栏中勾选【平滑法线】和【软化共面】复选框，得到平滑地形效果，如图 6-62 所示。

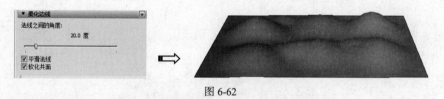

图 6-62

5．在菜单栏中执行【文件】/【导入】命令，导入卫星地形图片，如图 6-63 所示。
6．选中图片和地形，右击并选择快捷菜单中的【炸开模型】命令，如图 6-64 所示。

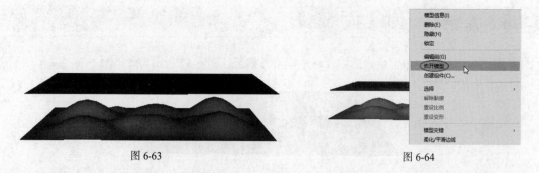

图 6-63                               图 6-64

7．在【材质】卷展栏中单击【样本颜料】按钮 ，吸取图片材质后对地形进行填充，如图 6-65 所示。

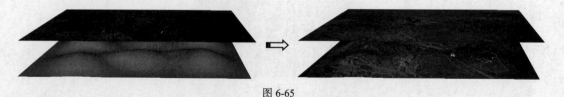

图 6-65

8．删除图片，卫星地形效果如图 6-66 所示。

图 6-66

## 6.3.4　案例 4：塑造地形场景

本案例主要利用沙箱工具绘制地形。图 6-67 所示为效果图。

图 6-67

1．单击【根据网格创建】按钮，在测量数值框中输入"2000"以确定栅格间距，绘制平面网格，如图 6-68 所示。

2．双击平面网格，进入编辑状态，如图 6-69 所示。

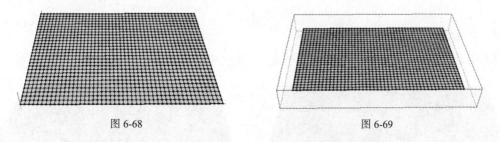

图 6-68　　　　　　　　　　　　　　　　图 6-69

3．单击【曲面起伏】按钮，对网格进行任意的变形，如图 6-70 所示。

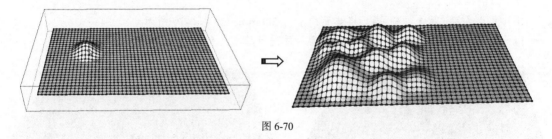

图 6-70

4．对地形进行柔化，如图 6-71 所示。调整后的地形如图 6-72 所示。

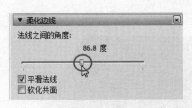

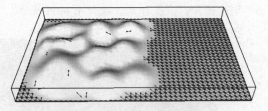

图 6-71 图 6-72

5. 勾选【软化共面】复选框，如图 6-73 所示，调整后的效果如图 6-74 所示。

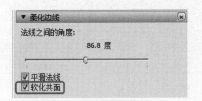

图 6-73 图 6-74

6. 双击地形进入编辑状态，如图 6-75 所示。

7. 在【材质】卷展栏中选择一种颜色材质，如图 6-76 所示。

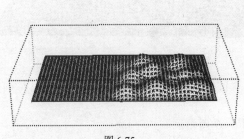

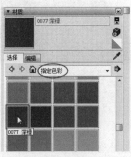

图 6-75 图 6-76

8. 为地形填充颜色，如图 6-77 所示。

9. 单击【两点圆弧】按钮 和【直线】按钮 ，绘制一条路，如图 6-78 所示。

图 6-77 图 6-78

10. 单击【推/拉】按钮 ，将路面向上拉 300mm，如图 6-79 所示。

11. 在【材质】卷展栏中选择一种路面材质进行填充，如图 6-80 所示。

图 6-79 图 6-80

12．在菜单栏中执行【文件】/【导入】命令，导入别墅模型，将其放于地形中合适的位置，如图 6-81 所示。

图 6-81

13．导入植物组件，最终效果如图 6-82 所示。

图 6-82

# 第 **7** 章

# V-Ray在SketchUp中的应用

V-Ray for SketchUp（简称 V-Ray）渲染器能与 SketchUp 完美地结合，渲染出高质量的图片效果。本章将详细讲解在各种场景中应用 V-Ray 进行场景渲染的实战案例。

## **7.1** V-Ray渲染器简介

V-Ray 渲染器是世界领先的计算机图形技术公司 Chaos Group 开发的产品。

过去，在创建复杂场景时，往往需要花费大量时间调整光源的位置和强度，以获得理想的照明效果。而 V-Ray 具有全局照明和光线追踪功能，能够在不放置任何光源的情况下渲染出很出色的图片效果。V-Ray 还支持 HDRI 纹理，具有强大的着色引擎、灵活的材质设定和较快的渲染速度等特点。最为突出的是其焦散功能，能够产生逼真的焦散效果，因此 V-Ray 又被誉为"焦散之王"。

SketchUp 没有内置的渲染器，要实现照片级别的渲染效果，则必须借助外部渲染器。V-Ray 渲染器作为当前极为强大的全局照明渲染工具之一，广泛应用于建筑及产品设计领域的渲染工作。借助 V-Ray 渲染器，不仅能够充分利用 SketchUp 的优势，还能有效弥补其渲染功能的不足，进而创作出具备高水准的渲染作品。

### 7.1.1 V-Ray 的优点和材质分类

目前，能应用在 SketchUp Pro 2023 的 V-Ray 渲染器版本为 V-Ray 6.20.03 for SketchUp Pro 2023（简称 V-Ray 6）。

#### 一、V-Ray的优点

- 功能强大的渲染器之一，具有高质量的渲染效果，支持室外场景、室内场景及产品的渲染。
- 使用 V-Ray 可以在 SketchUp 中实时可视化设计。在模型中穿行、填充材质、设置灯光和摄像机等，全部在场景实时画面中完成。

- V-Ray 还支持其他三维软件，如 3ds Max、Maya 等，其使用方式及界面相似。
- 以插件的方式实现对 SketchUp 场景的渲染，实现了与 SketchUp 的无缝整合。
- V-Ray 6 具有全新的【V-Ray Frame Buffer】窗口。该窗口内置合成功能，用户可以调整颜色、组合渲染元素、保存预设以便后续使用，无须其他软件配合。
- Light Gen（灯光生成）是一个全新的 V-Ray 工具，可自动生成 SketchUp 场景的小样图，每张小样图都拥有不同的灯光预设。用户选择最喜欢的小样图，单击即可进行渲染。

## 二、V-Ray的材质分类

V-Ray 的材质分为标准材质和常用材质，它还可以模拟出多种材质。

- V-Ray 标准材质包含内置的清漆层和布料光泽层。清漆层可以轻松创建刷清漆的木材等有反射层的材质，布料光泽层可以轻松创建丝绸布料和天鹅绒（见图 7-1）等。
- 角度混合材质是与观察角度有关的材质，其效果如图 7-2 所示。

图 7-1

图 7-2

- 双面材质有一种半透明的效果，其效果如图 7-3 和图 7-4 所示。

图 7-3

图 7-4

---

**提示**

利用双面材质可以对单面模型的正反面使用不同的材质，如图 7-5 所示。

- 利用随机增加真实感材质可以创建更为真实的效果，如图 7-6 所示。

图 7-5

图 7-6

## 7.1.2　V-Ray 的渲染工具栏

图 7-7 所示为 V-Ray 的渲染工具栏。

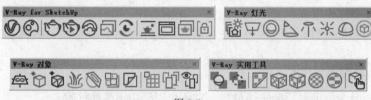

图 7-7

在【 V-Ray for SketchUp 】工具栏中单击【资产编辑器】按钮⃝，弹出【 V-Ray Asset Editor 】窗口，如图 7-8 所示。【 V-Ray Asset Editor 】窗口中包含用于管理 V-Ray 资产、进行渲染设置的选项卡及列表。

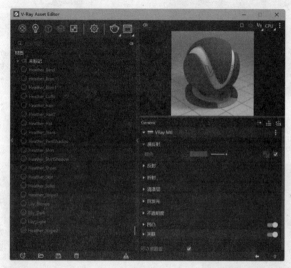

图 7-8

除了可以利用选项卡控制渲染质量外，还可以利用渲染工具进行渲染结果的后期处理，如图 7-9 所示。

单击【打开 V-Ray 帧缓存】按钮▢，打开【 V-Ray Frame Buffer 】窗口，如图 7-10 所示，可通过该窗口查看渲染过程。

图 7-9

图 7-10

# 7.2 V-Ray的材质应用与布光技巧

V-Ray 强大的材质系统和灵活的布光技巧可极大提升整体的渲染效果，材质的正确应用和光源的合理布置是实现逼真效果的关键。接下来通过实际案例，逐步解析材质设置的细节，以及不同光源的特点和应用场景。

## 7.2.1 V-Ray 的材质应用

本案例将利用 V-Ray 材质库创作不同风格的图片，包括渲染参数的设置、选择合适的材质、编辑材质参数及材质的添加等多个环节。图 7-11 所示为应用材质后的最终渲染效果。

图 7-11

**一、创建场景**

本案例需要创建两个场景用作渲染视图。

1．打开本例源文件夹中的"Materials_Start.skp"文件，如图 7-12 所示。

图 7-12

2．将视图调整为图 7-13 所示的状态。在菜单栏中执行【视图】/【动画】/【添加场景】命令，将当前视图状态保存为一个动画场景，方便后续进行渲染操作。创建的场景 1 在【场景】卷展栏中可见，将其重命名为"主要视图"，如图 7-14 所示。

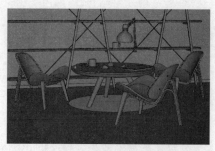

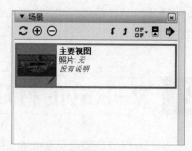

图 7-13 图 7-14

3. 再创建一个名为"茶杯视图"的场景，如图 7-15 所示。

图 7-15

---

**提示**

    创建场景后，如果对视图状态不满意，可以逐步调整视图状态，直到满意为止，然后在视图窗口左上角的场景选项卡标签上右击，选择快捷菜单中的【更新】命令，将新视图状态更新到当前场景中。

---

### 二、渲染初设置

为了让渲染进度加快，需要对 V-Ray 进行初设置。

1. 单击【资产编辑器】按钮⊘，打开【V-Ray Asset Editor】窗口。

2. 在【设置】选项卡中进行渲染设置，如图 7-16 所示。

3. 在【渲染工具】下拉列表中单击【使用 V-Ray 交互式渲染】按钮🔁,随后在弹出的【V-Ray Frame Buffer】窗口中对当前场景进行初步渲染，看一下基础灰材质的渲染效果，如图 7-17 所示。

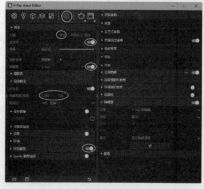

图 7-16 图 7-17

启用交互式渲染可以在用户进行每一步的渲染设置后自动将设置应用到渲染效果中，帮助用户快速地进行渲染操作与调整。

4．同理，对"茶杯视图"场景也进行基础灰材质渲染。

5．在打开的【V-Ray Frame Buffer】窗口中单击【区域渲染】按钮▣，在窗口中绘制一个矩形（在茶杯和杯托周围绘制渲染区域），把交互式渲染限制在这个特定区域内，以便集中处理杯子的材质，如图7-18所示。

图 7-18

## 三、应用V-Ray材质到"茶杯视图"场景中的对象

接下来利用 V-Ray 默认材质库对"茶杯视图"场景中的模型应用材质。基础灰材质渲染完成后请及时关闭【材质覆盖】，便于后续应用材质后能及时反馈模型中材质的表现状态。

1．设置茶杯的材质，茶杯材质属于陶瓷类型。打开【V-Ray Asset Editor】窗口，并在【材质】选项卡中展开左侧的材质库。在材质库中选择【03.陶瓷】类型，将材质列表中的【陶瓷 A02 橙色 10cm】材质拖到【材质】面板中，如图7-19所示。

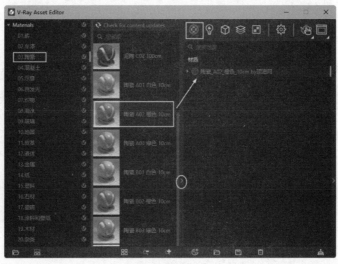

图 7-19

2．在"茶杯视图"场景中选中茶杯模型,在【材质】列表中右击【陶瓷 A02 橙色 10cm】材质,在快捷菜单中选择【应用到所选】命令,完成材质的应用,如图 7-20 所示。

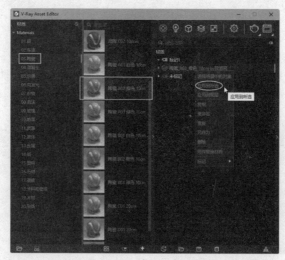

图 7-20

3．应用材质后,在打开的【V-Ray Frame Buffer】窗口中查看材质的应用效果,如图 7-21 所示。

4．同理,可以将其他陶瓷材质应用到茶杯模型上,并及时查看交互式渲染效果,以获得满意的效果,如图 7-22 所示。

图 7-21                    图 7-22

5．将类似的陶瓷材质应用给杯托模型,如图 7-23 所示。

图 7-23

6．处理桌面的材质。在【V-Ray Frame Buffer】窗口中绘制一个区域,以便将材质渲染集中到桌面上，如图 7-24 所示。

7. 在"茶杯视图"场景中选中桌面模型，将材质库的【09. 玻璃】类型中的【玻璃镀膜绿色】材质应用给选中的桌面模型，如图 7-25 所示。

 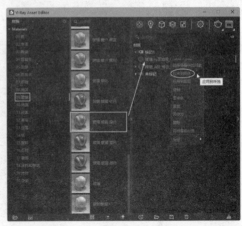

图 7-24 图 7-25

8. 查看【V-Ray Frame Buffer】窗口中的矩形渲染区域，桌面材质的应用效果如图 7-26 所示。

9. 给笔记本模型绘制一个矩形渲染区域，如图 7-27 所示。

图 7-26 图 7-27

10. 选中笔记本模型，然后将材质库的【14. 纸】类型中的【纸 C04 8cm】材质指定给笔记本封面，渲染效果如图 7-28 所示。

图 7-28

这里仅对笔记本的封面进行渲染，笔记本里面的纸张无须应用材质。选择【应用到所选】命令后，材质并不会应用到封面上，这时需要在 SketchUp 的【材质】卷展栏中单击【纸 C04 8cm】材质后将其添加到笔记本的封面上，如图 7-29 所示。

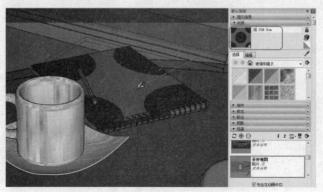

图 7-29

11. 笔记本上的图案比较大，可以在【材质】卷展栏的【编辑】选项卡中修改纹理尺寸，如图 7-30 所示。

图 7-30

## 四、应用V-Ray材质到"主要视图"场景中的对象

1. 切换到"主要视图"场景。在【V-Ray Frame Buffer】窗口中取消区域渲染，并重新绘制包含桌面底板及桌腿部分的渲染区域，同时在场景中按住 Shift 键选取桌面底板及桌腿，如图 7-31 所示。

图 7-31

2．将材质库的【19.木材】类型中的【层压板 D01 120cm】材质应用给桌面底板及桌腿,同时在【材质】卷展栏中修改纹理尺寸，如图 7-32 所示。

图 7-32

3．将【层压板 D01 120cm】材质应用到 3 把椅子上。操作方法：在场景中双击某个椅子组件进入组件编辑状态，再选择椅子，即可将材质应用给椅子。渲染效果如图 7-33 所示。

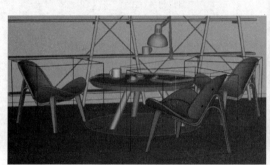

图 7-33

4．选择椅子中的一颗螺钉，其余椅子上的螺钉被同时选中，然后将【13.金属】类型中的【铝模糊】材质应用给螺钉，如图 7-34 所示。

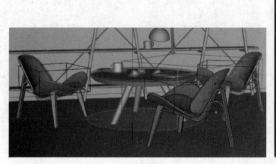
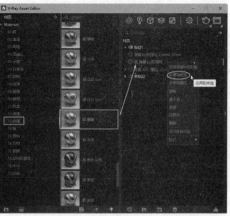

图 7-34

5．将【07.织物】类型中的【布料 图案 D01 20cm】材质应用给椅子上的坐垫,并修改纹理尺寸。

如果【材质】卷展栏中没有显示坐垫材质，可以单击【样本颜料】按钮✏️去场景中吸取坐垫材质。椅子的材质应用完成后，在场景中右击，在快捷菜单中选择【关闭组件】命令，如图 7-35 所示。

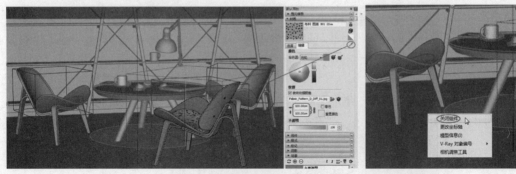

图 7-35

6．选择靠背景墙一侧的支撑架、支撑板及螺钉，为它们统一应用【13.金属】类型中的【钢 光滑】材质。然后绘制包含支撑架、支撑板及螺钉的渲染区域，如图 7-36 所示。

7．将【03.陶瓷】类型中的【泥陶 B01 50cm】材质应用给支撑架上的一只茶杯，如图 7-37 所示。

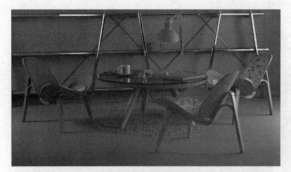

图 7-36                             图 7-37

8．给桌子上的笔记本计算机应用材质。在【V-Ray Frame Buffer】窗口中绘制笔记本计算机的渲染区域，如图 7-38 所示。

9．将材质库的【15.塑料】类型中的【塑料 皮革 B01 黑色 10cm】材质应用给笔记本计算机的下半部分，渲染效果如图 7-39 所示。

图 7-38                             图 7-39

10．将【13.金属】类型中的【金属 漆 暗青铜色】材质应用给笔记本计算机的上半部分，渲染效果如图 7-40 所示。

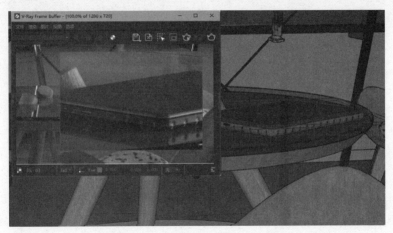

图 7-40

11．设置背景墙的材质。绘制背景墙渲染区域，将【18.涂料和壁纸】类型中的【墙漆 微粒01 黄色 1m】材质应用给背景墙，渲染效果如图 7-41 所示。

图 7-41

12．设置地板材质。绘制地板渲染区域，将【16.石材】类型中的【石材 F 100cm】材质应用给地板，并在【材质】卷展栏中修改材质的纹理尺寸，渲染效果如图 7-42 所示。

图 7-42

13．设置台灯的材质。绘制台灯渲染区域，将【13.金属】类型中的【金属箔 红色】材质应用给台灯，渲染效果如图 7-43 所示。

图 7-43

### 五、渲染

1．在【V-Ray Frame Buffer】窗口的【图层】选项卡中单击【加载图层树预设】按钮，如图 7-44 所示，从本例源文件夹中打开 "CC_01.vccglb" 或 "CC_02.vccglb" 预设文件。两种预设文件载入后的渲染效果对比如图 7-45 所示。

图 7-44

预设 1 的效果

预设 2 的效果

图 7-45

2．选择 "CC_02.vccglb" 预设文件作为本案例的渲染预设文件。在【V-Ray Asset Editor】窗口的【设置】选项卡中单击按钮结束渲染，然后重新进行渲染设置，如图 7-46 所示。

3．在【渲染工具】下拉列表中单击【使用 V-Ray 渲染】按钮进行材质渲染，渲染完成后的效果如图 7-47 所示。

图 7-46

图 7-47

## 7.2.2　V-Ray 的布光技巧

本案例以室内客厅为渲染操作对象，图 7-48 所示为白天与黄昏时的渲染效果。

白天时的渲染效果

黄昏时的渲染效果

图 7-48

本案例侧重讲解 V-Ray 的布光技巧，材质的应用在本案例中不再详细介绍。

### 一、白天的布光

1．创建场景。

（1）打开本例源文件 "Interior_Lighting.skp"。该文件事先创建了 3 个场景，便于进行布光操作，如图 7-49 所示。

图 7-49

（2）打开【V-Ray Asset Editor】窗口，在【设置】选项卡中开启【材质覆盖】，并设置其他相关选项及参数，在【渲染工具】下拉列表中单击【使用 V-Ray 交互式渲染】按钮进行渲染，如图 7-50 所示。

图 7-50

为什么开启【材质覆盖】后，滑动玻璃门却没有被覆盖呢？因为在进行交互式渲染之前，在【材质】选项卡中对【Glass】材质进行了相关设置，也就是默认情况下系统自动关闭了【可以被覆盖】，如图 7-51 所示。

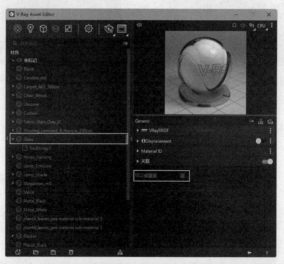

图 7-51

（3）在【阴影】卷展栏中调整时间和日期，让户外的太阳光可以照射到室内，如图 7-52 所示。

（4）在【设置】选项卡的【摄像机设置】卷展栏中设置【曝光值（EV）】为"9"，让更多的光从室外照射进室内，如图 7-53 所示。满意后关闭交互式渲染。

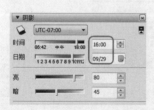

图 7-52

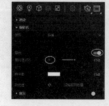 

图 7-53

2．布置阳台入户处的天光。

（1）创建矩形灯光来模拟天光。在【V-Ray 灯光】工具栏中单击【矩形灯光】按钮 ，创建一个矩形灯光，利用【比例】工具 调整矩形灯光的大小，如图 7-54 所示。

> **提示**
>
> 天光常指自然光，是从天空中散射而来的光，它分为直接光和间接光。太阳光是直接光，经过大气散射与物体折射出来的光是间接光。

（2）切换到"视图_02"场景中，再创建一个矩形灯光，如图 7-55 所示。

图 7-54

图 7-55

> **提示**
>
> 创建矩形灯光时，最好是在墙面上创建，这样能保证矩形灯光与墙面齐平，然后再进行缩放和移动操作。

（3）利用【移动】工具 分别将两个矩形灯光向滑动玻璃门外平移。切换回"主视图"场景，查看交互式渲染的布光效果，如图 7-56 所示。

（4）可看到从户外照射进来的光表现为散射的间接光，表示当前天气为阴天。若要表现出晴朗天气的天光（须含有太阳光），需要对两个矩形灯光进行相同的参数设置，如图 7-57 所示。

图 7-56

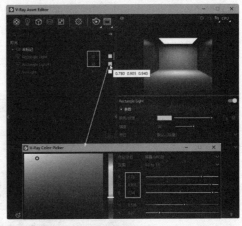
图 7-57

（5）查看实时的交互式渲染效果，完全模拟了天光从户外照射进室内的情景，如图 7-58 所示。

（6）在【设置】选项卡中关闭【材质覆盖】，再次查看真实材质在自然光照射下的交互式渲染效果，如图 7-59 所示。

图 7-58

图 7-59

（7）单击【使用 V-Ray 渲染】按钮 重新进行渲染，渲染效果如图 7-60 所示。

图 7-60

---

**提示**

在 V-Ray 中，【使用 V-Ray 交互式渲染】 和【使用 V-Ray 渲染】 具有不同的功能和应用场景。【使用 V-Ray 交互式渲染】 用于实时渲染，可帮助用户快速调整材质、光源和相机的位置。【使用 V-Ray 渲染】 用于高质量的最终渲染，也就是当所有的渲染参数都设置完而不再变更时，可用【使用 V-Ray 渲染】 来进行最终的渲染。

---

（8）效果图的后期处理。在【V-Ray Frame Buffer】窗口的【图层】选项卡中创建"ICC 文件"图层，然后在"ICC 文件"图层的属性设置面板中选择【排除】选项，查看渲染效果中的曝光问题，如图 7-61 所示。

图 7-61

在【V-Ray Frame Buffer】窗口的右边框中,双击【双击展开】按钮█(仅当鼠标指针由▶变成➕时才双击)展开 V-Ray 帧缓存设置面板,该面板中包括【图层】选项卡、【状态】选项卡和【日志】选项卡。

（9）创建"曝光"图层，设置【高光混合】为"0.7"左右（注意此值不要设置得过小，过小的值会让图片缺乏明暗对比），重新渲染后曝光不那么明显了，效果如图 7-62 所示。

图 7-62

（10）创建"白平衡"图层，设置色温为"6000"（小数点后的"000"表示小数位数是 3 位，由 SketchUp 自动添加）。创建"色相/饱和度"图层，设置【色相】为"-10"【饱和度】为"0.2"。创建的图层如图 7-63 所示。

（11）创建"色彩平衡"图层并调节参数，可以更好地控制图像的色彩。创建"曲线"图层，调整场景的对比度。创建的图层如图 7-64 所示。

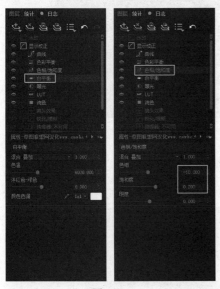

图 7-63

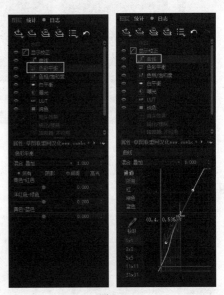

图 7-64

（12）在【图层】选项卡中单击"镜头效果"图层，在图层属性选项区中开启光晕，给远处的窗口带来更多真实摄影的光感。调整光晕强度为"1"，【阈值】参数控制光晕效果对全图的影响程度，将其设置为"2.83"。将光晕尺寸设置为"9.41"，其他参数设置与最终效果如图 7-65 所示。

图 7-65

（13）将后期处理的效果图输出。

### 二、黄昏时的布光

1．重新打开"Interior_Lighting.skp"源文件。

2．在【V-Ray Asset Editor】窗口的【设置】选项卡中重新开启【材质覆盖】，关闭渐进式渲染，开启 V-Ray 降噪器，在【环境】卷展栏中取消勾选【背景】复选框以减少室内环境光，设置背景值为"5"，单击【使用 V-Ray 交互式渲染】按钮 进行交互式渲染，效果如图 7-66 所示。

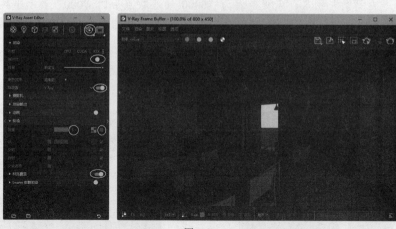

图 7-66

3．为场景添加聚光灯。在"主视图"场景中连续两次双击某个灯具组件，进入组件编辑状态，如图 7-67 所示。

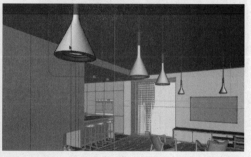

图 7-67

4．单击【聚光灯】按钮 △，在灯具底部放置聚光灯，其位置略低于灯具，如图7-68所示。添加后关闭灯具组件编辑状态。

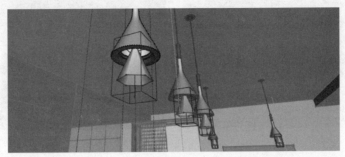

图 7-68

5．为场景添加 IES 灯光。切换到"视图 _02"场景，然后调整视图角度，便于放置光源。单击【IES 灯光】按钮 ⊼，从本例源文件夹中打开"10.IES"光源文件，在书柜顶部的左侧位置添加一个 IES 灯光，利用【移动】工具 ✛ 并按下 Ctrl 键，将 IES 灯光复制到右侧靠墙位置，如图7-69所示。

 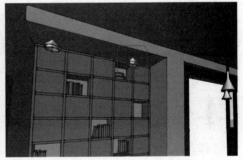

图 7-69

6．在厨房添加球体灯光。调整视图到厨房，单击【球体灯光】按钮 ◎，在靠近天花板的位置放置球体灯光，如图7-70所示。

图 7-70

7．在默认面板的【场景】卷展栏中双击"主视图"场景返回到初始视图状态，单击【使用 V-Ray 交互式渲染】按钮 ⬡ 进行交互式渲染，结果如图7-71所示。可见各种光源的效果不够理想，需要进一步设置光源参数。

8．关闭聚光灯和球体灯光，仅开启要设置的 IES 灯光。在【V-Ray Frame Buffer】窗口中绘制渲染区域，如图 7-72 所示。

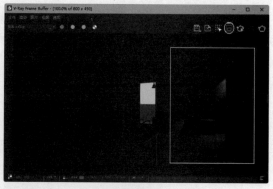

图 7-71                 图 7-72

9．IES 文件自带亮度信息，我们要覆盖这个原始的亮度信息并重定义亮度信息。在 IES 灯光的编辑器中设置光源强度，如图 7-73 所示。

10．开启球体灯光，并编辑球体灯光参数，将厨房的球体灯光颜色调得稍暖一些，并适当增大光源强度，如图 7-74 所示。

图 7-73                 图 7-74

11．开启聚光灯，设置聚光灯参数，如图 7-75 所示。

12．单击【使用 V-Ray 交互式渲染】按钮进行交互式渲染，从渲染效果来看，桌子与椅子的阴影太尖锐了，如图 7-76 所示。

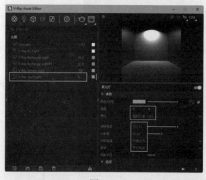

图 7-75                 图 7-76

13．将聚光灯的【阴影半径】修改为"1"，使其边缘被柔化，如图 7-77 所示。

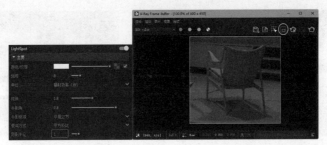

图 7-77

14．同样，将聚光灯的颜色调整为暖色。关闭交互式渲染，在【设置】选项卡中关闭【材质覆盖】，单击【使用 V-Ray 渲染】按钮，最终渲染效果如图 7-78 所示。最后输出渲染图像，保存场景文件。

图 7-78

# 7.3  V-Ray渲染实战

本节将以某展览馆的中庭空间和室内厨房作为渲染操作对象，详解 V-Ray 的布光、材质应用及渲染设置的完整流程。

## 7.3.1  展览馆中庭空间渲染

本例先对一张渲染参考图进行分析，然后确定渲染方案。本例的渲染参考图如图 7-79 所示。对比渲染参考图，需要创建一个与渲染参考图中视角相同的场景，如图 7-80 所示。接下来在 SketchUp 中利用 V-Ray 对中庭空间进行渲染。图 7-81 和图 7-82 所示为初次渲染效果和添加人物及其他组件后的渲染效果。

图 7-79

图 7-80

图 7-81

图 7-82

**提示**

在本例的源文件"室内中庭.skp"中，已经完成了各组件对象的材质应用，仅介绍布光、调色及后期处理。

### 一、创建场景和添加组件

源文件模型中没有人物及其他植物组件，需要从材质库中调入。

1．创建场景。

（1）打开本例源文件"室内中庭.skp"，如图 7-83 所示。

（2）调整好视图角度和摄像机位置，在菜单栏中执行【视图】/【两点透视】命令，效果如图 7-84 所示。

图 7-83

图 7-84

（3）在【场景】卷展栏中单击【添加场景】按钮⊕，创建"场景号 1"场景，如图 7-85 所示。

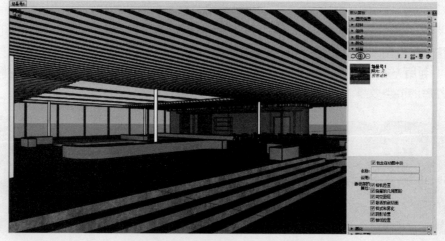

图 7-85

2．添加组件。

人物、植物等组件可以通过 SketchUp 中的 3D 模型库获得。在 3D 模型库中可以上传自己的模型与网络中的设计人员共享，也可以下载其他设计人员分享的模型。

| 提示 |

要使用 3D 模型库，前提条件是用户必须注册一个官方账号。3D 模型库中的模型均免费。【3D 模型库】对话框的默认语言是英文，若要切换为中文，可以将鼠标指针移动到注册用户名位置，会弹出一个菜单，选择【3D Warehouse 设置】命令，再在对话框右下角选择【简体中文】。

（1）在菜单栏中执行【窗口】/【3D 模型库】命令，打开【3D 模型库】对话框，在搜索框中输入"women-2_shejizhimen"并搜索，如图 7-86 所示。

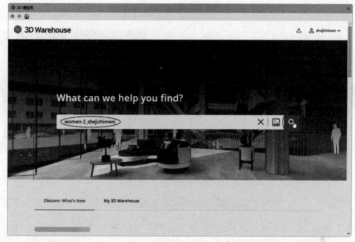

图 7-86

（2）在【Models】类型下选择搜索到的女性人物模型，单击【Download】按钮 ⬇ 下载该模型，如图 7-87 所示。

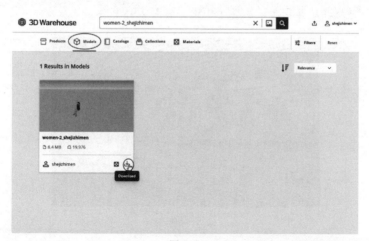

图 7-87

（3）下载女性人物模型后，利用【移动】工具 ✛ 将其移动到场景中的椅子上，利用【旋转】工具 ⟳ 适当旋转模型，结果如图 7-88 所示。

（4）搜索"women-1_shejizhimen"并下载第二个女性人物模型，如图 7-89 所示。

图 7-88　　　　　　　　　　　　　　　图 7-89

（5）搜索"men_shejizhimen"并下载一个男性人物模型，利用【移动】工具✥和【旋转】工具↻调整模型，使其侧对着镜头，如图 7-90 所示。

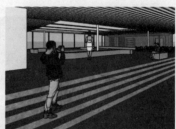

图 7-90

提示

　　这些人物模型是笔者在 2020 年从 3D 模型库中下载的，笔者对这些模型进行了一定编辑后并将它们共享到 3D 模型库中，供大家使用。读者也可从本例源文件夹中导入这些人物模型，方法：在默认面板的【组件】卷展栏中单击 ▶ 按钮，在打开的菜单中选择【打开或创建本地集合】命令，从本例源文件夹中打开这些人物模型。

（6）添加植物组件。添加植物组件的方法与添加人物组件的方法相同，依次载入本例源文件夹中的植物组件，放置在中庭花园以及餐厅外侧，如图 7-91 所示。

图 7-91

提示

　　当添加植物组件后，无论是渲染还是操作组件，都会严重影响系统的运行，甚至造成系统卡顿。因此，可以在光源添加完成并调试成功后，再添加植物组件。当然，最好的解决方法是添加二维植物组件，因为二维组件比三维组件的渲染效率高。

## 二、布光与渲染

初期的渲染以天空中的散射光照射为主。

1．在【阴影】卷展栏中设置相关参数，如图 7-92 所示。

图 7-92

2．单击【资产编辑器】按钮 ⊘ 打开【V-Ray Asset Editor】窗口。单击【使用 V-Ray 交互式渲染】按钮 🔄 进行交互式渲染，如图 7-93 所示。

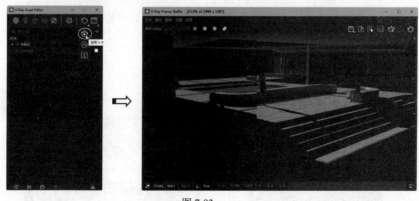

图 7-93

从渲染效果来看，基本满足室内的光照要求，但还要根据实际的室内外环境进行光源的添加与布置。由于中庭顶部与玻璃窗区域是黑的，没有体现光源，所以接下来要添加光源。

3．添加穹顶灯光来表示天光（也称自然光或环境光）。单击【无限大平面】按钮 ⊟，添加一个无限平面，如图 7-94 所示。

4．单击【穹顶灯光】按钮 ◎，将穹顶灯光放置在无限平面的相同位置，如图 7-95 所示。

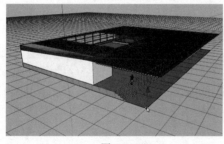

图 7-94

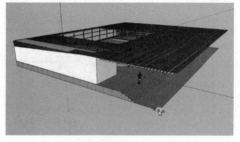

图 7-95

5. 接下来添加矩形灯光。单击【矩形灯光】按钮 🔱，调整矩形灯光的大小及位置，如图 7-96 所示。

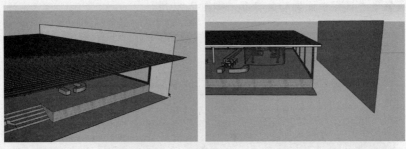

图 7-96

6. 再添加一个矩形灯光，矩形灯光的大小及位置如图 7-97 所示。

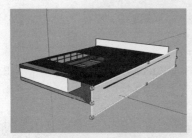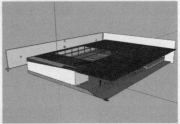

图 7-97

7. 在【灯光】选项卡中调整各光源的强度值，如图 7-98 所示。重新进行交互式渲染，得到图 7-99 所示的效果。

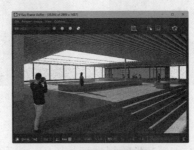

图 7-98                图 7-99

8. 从渲染效果来看，布置穹顶灯光和矩形灯光的效果还是比较理想的。现在，可以将植物组件一一导入场景，如图 7-100 所示。

9. 关闭交互式渲染。打开渐进式渲染，设置渲染参数，如图 7-101 所示。

图 7-100                图 7-101

10. 为了增强太阳光源的光晕效果，在中庭顶部添加一个球体灯光，并设置球体灯光的强度为"2000"，如图 7-102 所示。

图 7-102

11. 单击【使用 V-Ray 渲染】按钮进行渲染，渲染效果如图 7-103 所示。

图 7-103

12. 在【V-Ray Frame Buffer】窗口的【图层】选项卡的【显示色彩校正】组中单击"镜头特效"图层，在下方的【属性】面板中设置能产生镜头光晕效果的相关选项及参数，如图 7-104 所示。

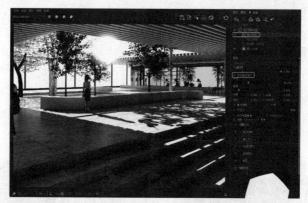

图 7-104

13. 在【图层】选项卡中单击【创建图层】按钮，依次添加"色彩平衡"图层、"色相/饱和度"图层、"白平衡"图层、"曝光"图层和"电影色调映射"图层，再逐一设置这些图层的参数，可得到较为理想的室内渲染效果，如图 7-105 所示。

至此，完成了展览馆中庭的渲染，最终效果如图 7-106 所示。

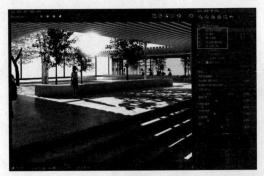

图 7-105

图 7-106

## 7.3.2 室内厨房渲染

本例的渲染参考图如图 7-107 所示。对比渲染参考图，需要创建一个与渲染参考图中视角及摄像机位置都相同的场景，如图 7-108 所示。

图 7-107

图 7-108

---

**提示**

材质的应用不是本小节的重点，所以本例源文件中已经完成了材质的应用，接下来的操作主要以布光、调色及后期处理为主。

---

### 一、创建场景和布光

1．创建场景。

（1）打开本例源文件"室内厨房 .skp"，如图 7-109 所示。

（2）调整好视图角度和摄像机位置，然后在菜单栏中执行【视图】/【两点透视图】命令，效果如图 7-110 所示。

图 7-109

图 7-110

（3）在【场景】卷展栏中单击【添加场景】按钮⊕，创建"场景号1"场景，如图7-111所示。

图7-111

2．布光。

（1）添加穹顶灯光。单击【无限大平面】按钮◈，添加一个无限平面，如图7-112所示。

（2）单击【穹顶灯光】按钮◔，将穹顶灯光放置在无限平面的相同位置，如图7-113所示。

图7-112

图7-113

（3）接下来为穹顶灯光添加HDRI贴图，让室外有景色。在【V-Ray Asset Editor】窗口的【灯光】选项卡中选中穹顶灯光（Dome Light），然后在右侧展开的【参数】卷展栏中单击【纹理栏】按钮▦，如图7-114所示。

图7-114

（4）从本例源文件夹中打开图片文件"外景.jpg"，并设置穹顶灯光的强度和贴图选项，如图7-115所示。单击【使用V-Ray交互式渲染】按钮⊕进行交互式渲染，在【V-Ray Frame

Buffer】窗口中单击【区域渲染】按钮▣绘制渲染区域，查看初次渲染效果，如图 7-116 所示。

图 7-115　　　　　　　　　　　图 7-116

（5）从渲染效果来看，穹顶灯光太暗了，没有显示出室外风景。在【灯光】选项卡中调整穹顶灯光的强度为"80"，再次进行交互式渲染并查看效果，如图 7-117 所示。

图 7-117

（6）室外风景显现出来了，但室内光照不足。要表现出晴天的光照效果，可打开 V-Ray 自动创建的太阳光源并调整日期与时间，进行交互式渲染的结果如图 7-118 所示。关闭太阳光源。

（7）在窗外添加矩形灯光表示天光。单击【矩形灯光】按钮▽，调整矩形灯光的大小及位置，如图 7-119 所示。

图 7-118　　　　　　　　　　　图 7-119

（8）利用【矩形】工具▱绘制矩形面将房间封闭，如图 7-120 所示。

（9）在【V-Ray Asset Editor】窗口的【灯光】选项卡中设置矩形灯光（Rectangle Light）的光源强度为"150"，设置太阳光源（SunLight）的光源强度为"0"，在【选项】卷展栏中勾选【不可见】复选框，如图 7-121 所示。

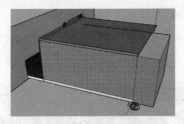
图 7-120

图 7-121

（10）查看实时的交互式渲染效果，发现已经有光反射到室内，如图 7-122 所示。

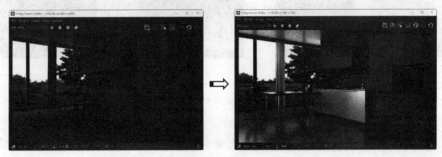
图 7-122

（11）在【设置】选项卡中关闭【材质覆盖】，再看下材质的表现情况。从表现效果来看，整个室内场景的光色较冷，局部区域照明不足，可以在室内添加矩形灯光，或者修改某些材质的反射参数。

（12）采用修改材质反射参数的方法来改进。利用【材质】卷展栏中的【样本颜料】工具 ✎ 在场景中拾取橱柜的材质，拾取的材质会在【V-Ray Asset Editor】窗口的【材质】选项卡中显示，然后修改其反射参数，如图 7-123 所示。

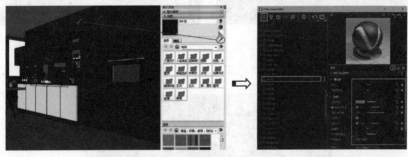
图 7-123

（13）其余材质的参数也按此方法进行修改。在交互式渲染过程中如果发现窗帘过于反光，可以修改其漫反射的倍增值，如图 7-124 所示。

## 二、渲染及效果图处理

材质修改与布光完成后进行渐进式渲染。渲染后在【V-Ray Frame Buffer】窗口中进行效果图处理。

1．在【渲染工具】下拉列表中单击【使用 V-Ray 渲染】按钮 ⬛，在弹出的【V-Ray Frame Buffer】窗口的菜单栏中执

图 7-124

行【视图】/【显示色彩空间】/【Gamma 2.0】命令，初期渲染效果如图 7-125 所示。

2．在【图层】选项卡中，对【曝光】图层下的【属性】面板的选项及参数予以适当调整，如图 7-126 所示。

图 7-125

图 7-126

3．单击【创建图层】按钮创建"色彩平衡"图层，在该图层的【属性】面板中设置色彩平衡选项及参数，如图 7-127 所示。

4．单击【创建图层】按钮创建"电影色调映射"图层，在该图层的【属性】面板中设置电影色调选项及参数，如图 7-128 所示。

图 7-127

图 7-128

5．保存图片。至此，完成了室内厨房的渲染操作。最终的室内厨房渲染效果如图 7-129 所示。

图 7-129

# 第8章

# 建筑3D可视化

在传统二维模式下进行方案设计时无法很快地校验和展示建筑的外观形态，对于内部空间的情况更是难以直观地把握。虽然在 SketchUp 中可以实时地查看模型的透视效果、创建漫游动画、进行日光分析等，但 SketchUp 没有专业渲染器，无法实时展现建筑的 3D 渲染效果及可视化效果，为此可以将模型导出到 Lumion 中进行全景渲染及视角漫游，这使设计师在与甲方进行交流时能充分表达自己的设计意图。

## 8.1 Lumion概述

Lumion 是一款实时渲染软件，具有真实环境的渲染效果，深受建筑设计师、室内设计师的喜爱。Lumion 可以从 SketchUp、3ds Max、AutoCAD、Rhino、ArchiCAD 以及其他三维建模软件中导入设计师创建的模型，快速生成高质量的图像和动画。Lumion 提供了丰富的素材库，包含植被、水体、人物、汽车等素材，用户可以轻松地将这些素材融入场景中，增强视觉效果。此外，Lumion 还支持多种渲染风格，用户可以根据项目需求进行不同的渲染设置，营造出各种氛围。

### 一、Lumion Pro 12.0的版本

Lumion Pro 12.0 是当前应用十分广泛的商业版本，其功能全面且操作便捷。

有意购买 Lumion Pro 12.0 的用户，可访问 Lumion 官方网站申请为期 14 天的试用。试用期满后，用户可通过正规渠道完成购买。Lumion 官方网站针对企业、个人及学生三类用户群体，提供了不同使用体验的软件版本，分别是企业版、单机版及教育版。对于广大学生群体，只需在官方网站中单击【教育】选项，并按照提示操作，即可获取免费的教育版软件。但请注意，教育版软件仅限于学习用途，其生成的文件无法在商业版软件中打开或保存。企业版、单机版及教育版在功能上基本一致，但教育版中的所有图库将附带水印。

## 二、Lumion LiveSync for SketchUp插件

Lumion LiveSync for SketchUp 是一款可让 SketchUp 与 Lumion 实时联动的插件，意思就是将 SketchUp 与 Lumion 同时打开，在 Lumion 中进行 3D 可视化场景设计时，在 SketchUp 中可以实时查看效果。

【例 8-1】 下载 Lumion LiveSync for SketchUp 插件。

1．打开浏览器，进入 Lumion 官方网站，选择【支持】/【下载】选项，如图 8-1 所示。

图 8-1

2．弹出【下载】页面，有 5 种模型插件供用户选择。选择【Download Lumion LiveSync for SketchUp】选项，弹出【为 SketchUp 下载 Lumion LiveSync】页面，该页面中没有插件的下载链接，但提示了用户可以通过 SketchUp Extension Warehouse 来安装插件，如图 8-2 所示。

图 8-2

3．在 SketchUp Pro 2023 中执行菜单栏中的【扩展程序】/【Extension Warehouse】命令，打开【Extension Warehouse】对话框。搜索"Lumion LiveSync for SketchUp"插件，如图 8-3 所示。

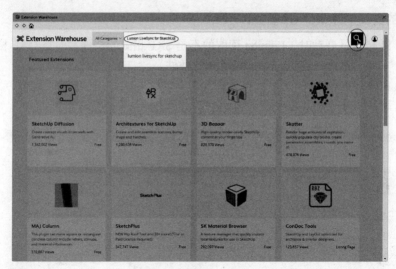

图 8-3

4．在搜索结果中单击【Lumion LiveSync f...】，然后进入下载页面，单击【Install】按钮，如图 8-4 所示，即可下载插件。

图 8-4

### 三、插件的安装与SketchUp模型的导出

Lumion 与 SketchUp 联动时，Lumion 读取的不是 SKP 格式的文件，而是 DAE 格式的文件。

【**例 8-2**】 安装 Lumion LiveSync for SketchUp 插件。

1．Lumion LiveSync for SketchUp 插件下载后将自动完成安装。当然也可检查自动安装的结果。在菜单栏中执行【窗口】/【扩展程序管理器】命令，打开【扩展程序管理器】对话框，如图 8-5 所示。

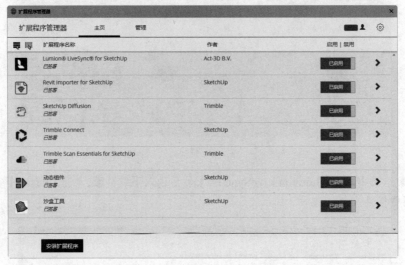

图 8-5

2．可以看到 Lumion LiveSync for SketchUp 插件已经安装完成，并且可免费使用该插件，如图 8-6 所示。如果有其他插件需要安装，可单击【安装扩展程序】按钮，选择插件进行安装。

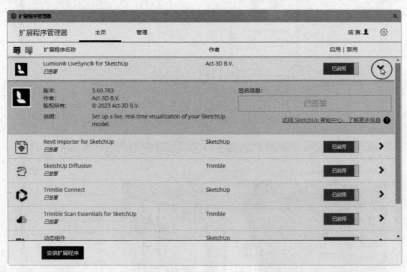

图 8-6

插件安装完成后，SketchUp Pro 2023 窗口中会弹出【Lumion LiveSync】工具栏，如图 8-7 所示。利用该工具栏中的工具可以临时使用 Lumion 来实时观察模型。

3．在 SketchUp 中完成模型设计后，在菜单栏中执行【文件】/【导出】/【三维模型】命令，在弹出的【输出模型】对话框中选择 DAE 文件类型，将 SKP 模型导出为 Lumion 通用的 DAE 格式，如图 8-8 所示。

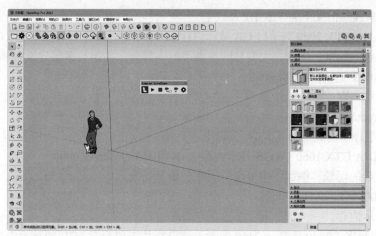

图 8-7

图 8-8

提示

在 Lumion 中，可以直接导入 .skp、.dwg、.fbx、.max、.3ds、.obj 等格式的模型文件。

# 8.1.1 Lumion 的硬件配置与界面环境

Lumion 对计算机的硬件配置要求比较高，特别是对显卡的要求更高。下面介绍常用的计算机显卡与 CPU 的搭配。

### 一、Lumion与计算机配置

（1）超复杂的场景。例如，非常详细的城市、机场或体育场等场景。

- 最少 10000 个 PassMark 积分。
- 8 GB 及以上显示内存。
- 兼容 DirectX 11。

- CPU 频率理想情况下为 4.2GHz 及以上。

示例：NVIDIA GTX 2080 Ti（11 GB 显示内存）、NVIDIA GTX 1080 Ti（11 GB 显示内存）。

（2）非常复杂的场景。例如，大型公园或城市的一部分，高层与多层建筑内部等场景。

- 至少 8000 个 PassMark 积分。
- 6 GB 显示内存。
- 兼容 DirectX 11。
- CPU 频率理想情况下为 4.0GHz 及以上。

示例：NVIDIA GTX 1060（6 GB 显示内存）、NVIDIA Quadro K6000。

（3）中等复杂的场景。例如，中等细节的办公楼等场景。

- 至少 6000 个 PassMark 积分。
- 4 GB 显示内存。
- 以 4K 分辨率（3840 像素 ×2160 像素）渲染影片需要至少 6GB 的显示内存。
- 兼容 DirectX 11。

（4）简单场景。例如，小型建筑物，细节有限的场景。

- 至少 2000 个 PassMark 积分。
- 2 GB 显示内存。
- 以 4K 分辨率（3840 像素 ×2160 像素）渲染影片需要至少 6GB 的显示内存。
- 兼容 DircctX 11。

---

**提示**

PassMark 是一款专业的计算机硬件评测软件。

---

### 二、Lumion的欢迎界面

在桌面上双击 █ 图标启动 Lumion Pro 12.0，随后弹出 Lumion 欢迎界面，默认的界面语言是英文，单击顶部的 █ English █ 图标，如图 8-9 所示。

图 8-9

在弹出的【Change language】面板中选择【简体中文】，如图 8-10 所示，使 Lumion 欢迎界面变成中文显示，便于新手学习与操作。

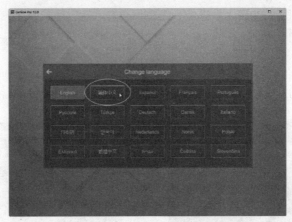

图 8-10

在 Lumion 欢迎界面中有 6 个按钮：【创建新的 】、【输入范例 】、【基准 】、【读取 】、【保存 】和【另存为 】，如图 8-11 所示。通过前 4 个按钮，设计师可以进入场景以创建 3D 实时可视化效果。

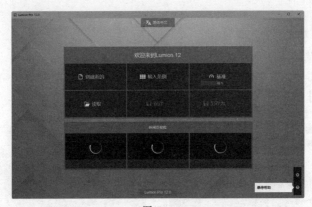

图 8-11

（1）【创建新的 】按钮。

单击【创建新的 】按钮，进入【创建新项目 】界面，可看到 Lumion 提供了 9 个默认的基础场景配置文件，如图 8-12 所示，设计师可以选择合适的场景进行操作。

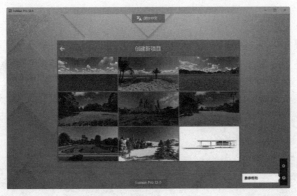

图 8-12

（2）【输入范例 】按钮。

单击【输入范例 】按钮，进入【输入范例 】界面，其中的每一个范例均为包含模型、材质、灯光等的完整场景，如图 8-13 所示。选取一个范例会进入对应场景，用户可以对其进行编辑，以熟悉 Lumion 的基本操作。

（3）【读取】按钮。

单击【读取】按钮，打开【加载项目】界面，如图 8-14 所示。在【加载项目】界面中，用户可以载入已保存的任何场景文件，也可以将外部场景导入当前场景进行场景合并。

图 8-13

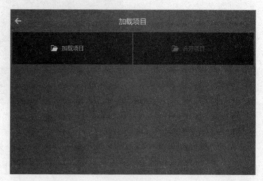
图 8-14

（4）【保存】按钮和【另存为】按钮。

选择并进入一个基础场景，完成自定义场景的创建以后，单击【保存并且加载项目】按钮，将返回到 Lumion 欢迎界面，单击【另存为】按钮将场景文件保存，如图 8-15 所示。当再次编辑项目时可单击【保存】按钮进行实时保存。

图 8-15

（5）【基准】按钮。

单击【基准】按钮，可以对用户计算机进行性能测试（包括 GPU、CPU 和内存），并弹出图 8-16 所示的【基准测试结果】界面，如果用户的计算机显卡性能低，系统会建议用户更换显卡。

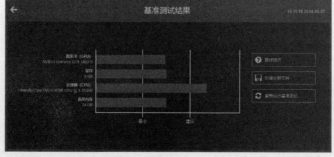
图 8-16

### 三、Lumion的场景编辑界面

在【创建新项目】界面中选择一个基础场景模板以进入场景编辑模式，默认状态下场景处于编辑状态（场景编辑界面右下角的【编辑模式】按钮 是高亮显示的）。Lumion Pro 12.0 的场景编辑界面如图 8-17 所示。

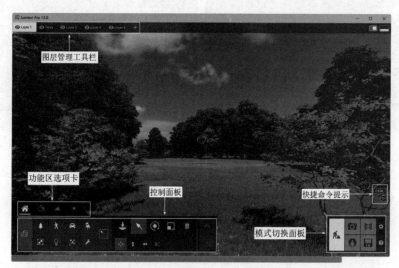

图 8-17

## 8.1.2 Lumion 的功能选项卡

功能区中有 4 个选项卡，分别是【内容素材库】、【材质】、【景观】和【天气】。单击每一个选项卡所展示的控制面板都是不同的。下面简单介绍这 4 个选项卡对应的控制面板的基本功能及操作。

### 一、【内容素材库】选项卡

通过【内容素材库】选项卡 可将 Lumion 模型插入场景。以插入一棵树为例，介绍插入植物的操作方法与步骤。

1．单击【内容素材库】选项卡 ，在控制面板中单击【自然】按钮 ，接着单击【放置】按钮 ，如图 8-18 所示。随后弹出【Nature】（自然库）面板，如图 8-19 所示。该面板中列出了各种素材类型，包括树木、草丛、花卉、仙人掌、岩石、树丛及叶子等。

图 8-18

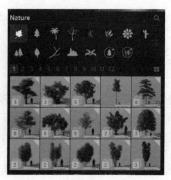

图 8-19

2．单击选中某种植物，随后到场景中放置此植物，植物被包容框完全包容，可以连续放置多个植物，如图 8-20 所示。按 Esc 键取消放置。

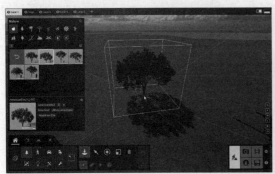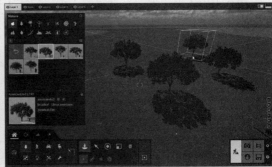

图 8-20

3．放置植物后单击控制面板中的【选择】按钮 ，接着在弹出的属性面板中设置植物的透明度和颜色等属性，如图 8-21 所示。

图 8-21

4．完成植物的属性设置后，如果不再对此植物进行任何操作，需要在控制面板右侧单击【取消所有选择】按钮 ，取消植物的选中状态。

5．上述操作是针对植物、景观小品、人、声音及特效等的。如果是插入建筑模型，需在控制面板中单击【导入的模型】按钮 ，再在弹出的【Imported Models】（导入模型）面板中单击【导入新模型】按钮 ，从计算机中选择建筑模型并打开，如图 8-22 所示。

图 8-22

6. 插入物体后，接下来可以对物体进行移动、尺寸调整和旋转等操作。控制面板中有7个操作工具可用来操作物体。例如，单击【选择】按钮 后，物体的底部会显示一个控制点，如图8-23所示。

图 8-23

控制面板中的操作工具介绍如下。

* 【自由移动】工具 ：此工具用来在水平面（地面）上向任意方向平移物体。
* 【垂直移动】工具 ：此工具用来在竖直方向上移动物体。此工具的用法与【自由移动】工具 的用法相同。
* 【水平移动】工具 ：此工具用来在水平方向上移动物体。
* 【键入】工具 ：通过输入物体的坐标值来确定物体的位置。
* 【缩放】工具 ：此工具可以调整物体的大小，以适应场景。
* 【绕 Y 轴旋转】工具 ：场景中的 Y 轴是指垂直于地面的绿色轴，此工具的用法与【自由移动】工具 的用法相同。
* 【删除】工具 ：单击此按钮，再单击物体底部的控制点，即可删除物体。

7. 将鼠标指针放置于控制点上时会显示水平平移方向图标，拖动控制点可以在水平面（地面）上任意平移物体，如图8-24所示。

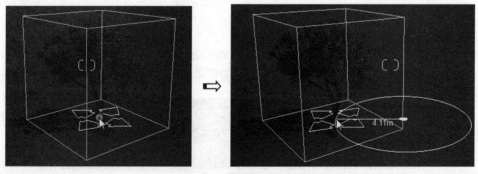

图 8-24

## 二、【材质】选项卡

【材质】选项卡 对应的控制面板主要用来对导入的建筑模型应用材质，或者对建筑模型上已有的材质进行编辑操作。仅当导入建筑模型后【材质】选项卡 🔄 才可用。单击【材质】选项卡 🔄，在建筑模型上选取一个面，会弹出【材质库】面板，如图8-25所示。

图8-25

通过【材质库】面板，可以从材质库中载入新材质来填充所选的面，如图8-26所示。材质添加完成后需要在场景界面右下角单击【保存】按钮 ✔ ，保存材质的应用效果。

图8-26

### 三、【景观】选项卡

通过【景观】选项卡 ▲ 可对原始场景中的地形地貌进行修改。单击【景观】选项卡 ▲ ，控制面板中左侧为景观编辑选项，右侧为某个编辑选项的扩展面板，如图8-27所示。

图8-27

### 四、【天气】选项卡

【天气】选项卡 ☀ 用于设置真实环境中的时间、太阳及云量等。单击【天气】选项卡 ☀ ，弹出天气编辑选项的控制面板，如图 8-28 所示。

图 8-28

# 8.2 Lumion建筑可视化案例——别墅可视化

本节以在 SketchUp 中创建的别墅模型为可视化案例的源模型，介绍 Lumion Pro 12.0 中的场景可视化操作及渲染流程。

SketchUp 中的别墅模型如图 8-29 所示。

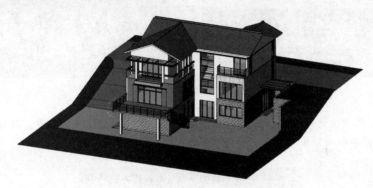

图 8-29

Lumion 场景效果如图 8-30 所示。

图 8-30

## 8.2.1 创建基本场景

创建基本场景的操作包括选择场景模板、导入模型、编辑模型位置和添加材质等。

1．启动 Lumion Pro 12.0，在欢迎界面中单击【创建新的】按钮，接着选择【草原环境】模板进入场景编辑模式，如图 8-31 所示。

图 8-31

2. 在【内容素材库】选项卡 🏠 的控制面板中单击【导入的模型】按钮 🏡，从本例源文件夹中导入"别墅模型.dae"模型，如图 8-32 所示。

图 8-32

3. 将模型放置于场景中的任意位置，如图 8-33 所示。从放置结果来看，建筑的地下一层在地面以下了，需要手动调整模型高度，使地下一层与场景中的地面重合。

图 8-33

4. 在控制面板中先单击【选择】按钮 ⬉，再单击【垂直移动】按钮 ⬍，将鼠标指针放置于模型中的控制点上，然后向上拖动控制点以移动模型，如图 8-34 所示。

图 8-34

5．可以看到模型中原有的 SketchUp 材质已自动转换为 Lumion 材质。读者可以根据自己的喜好来改变建筑模型的外观材质。单击【材质】选项卡 ，然后选取地下一层中的"场地 - 地坪"地砖表面，如图 8-35 所示。

6．在随后打开的【材质库】面板的【室外】选项卡中选择【石头】类型，接着在下方的列表中选择一种石材来替换原先的地砖材质，如图 8-36 所示。

图 8-35　　　　　　　　　　　　　图 8-36

7．同理，可以替换其他地方的材质，如外墙、围墙、草坪、屋顶等，替换材质后的效果如图 8-37 所示。

图 8-37

8．接着向场景中插入素材，如人物、景观小品、交通工具等（前面在介绍【内容素材库】选项卡 时已经介绍了插入方法，这里直接跳过烦琐的步骤），结果如图 8-38 所示。

图 8-38

## 8.2.2 创建地形并渲染场景

1. 单击【景观】选项卡▲，再在控制面板中单击【高度】按钮▲和【提升高度】按钮▲，创建起伏地形，如图 8-39 所示。

图 8-39

2. 单击【降低高度】按钮▼和【平整】按钮▲，调整地形高度，使创建的地形匹配原先模型的地形，如图 8-40 所示。

图 8-40

3. 依次插入树木和花卉等，结果如图 8-41 所示。

图 8-41

4. 调整好视图角度，在场景编辑界面右下角的模式切换面板中单击【拍照模式】按钮◎，进入【1-Photo】拍照模式。然后单击【存储相机】按钮◎，将当前视图创建为固定的照片，如图 8-42 所示。

图 8-42

关于视图角度的控制,可在场景编辑界面右下角的模式切换面板中单击【开始教程】按钮 ❓ ,使用 Lumion 的交互式教程学习如何进行操作。

5. 单击【渲染】按钮 🖼 ,弹出渲染设置界面。可将照片按照"邮件""桌面""印刷""海报" 4 种分辨率进行保存。分辨率越低,渲染的时间就越短;分辨率越高,渲染的时间就越长。这里选择"邮件"形式进行渲染和保存,如图 8-43 所示。

图 8-43

6. Lumion 自动渲染照片并将照片文件保存在系统路径中。同理,可以创建多种视图角度的照片。场景的渲染效果如图 8-44 所示。

图 8-44

## 8.2.3　创建建筑场景环绕动画

许多开发商在销售楼盘时往往都会制作该楼盘的动态场景动画，以让购房者得到很好的实景体验。建筑场景的环绕动画是从远到近地漫游整个建筑场景，动画的制作基础就是拍摄关键节点的照片，最后只需把拍摄的照片进行连续播放即可。

1．在场景编辑界面右下角的模式切换面板中单击【动画模式】按钮，进入动画模式。

2．单击【录制】按钮，打开动画录制操作界面，如图 8-45 所示。

3．在场景区域中通过滚动鼠标滚轮和按住鼠标右键拖动来调整建筑物的方位，以便确定拍摄的第一帧画面。一般动画画面都是从远到近的，所以第一帧画面要取远景，如图 8-46 所示。

图 8-45　　　　　　　　　　　　图 8-46

4．单击【添加相机关键帧】按钮拍摄第一张照片，也就是动画的第一帧，如图 8-47 所示。

**提示**

关键帧一般取相机运行过程中需要转变方向的起点或终点，直线运动时取起点和终点即可，曲线运动时取起点、中间点和终点即可。当然，如果需要镜头丰富多彩，可适时增加关键帧，也就是在需要多关注的地方添加关键帧。

5．在动画录制操作界面中通过鼠标滚轮和鼠标右键的配合，不断推进镜头，靠近建筑物时单击【添加相机关键帧】按钮拍摄照片，创建动画的第二帧，如图 8-48 所示。

图 8-47　　　　　　　　　　　　图 8-48

**提示**

滚动鼠标滚轮是调节镜头的焦距，也就是调整视图的大小。按住鼠标右键拖动可以 360° 观察场景，也就是旋转视图。

6．按此方法依次创建其余关键帧。单击【播放】按钮▶播放动画，如图8-49所示。由于调整相机位置时基本上是直线和直线转弯运动，也就是默认播放时动画会在直线起点和终点处出现停顿，因此可在帧画面的前面和后面单击【缓入线型】按钮✏与【缓出线型】按钮✎，使两个按钮由直线按钮✎变成曲线按钮✎，以消除播放停顿。

7．在右下角单击【保存编辑并返回到电影模式】按钮✓，返回到动画模式。在界面左上角的第一个文本框内修改动画的标题为"环游别墅"，如图8-50所示。

 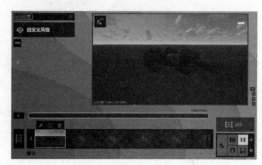

图 8-49　　　　　　　　　　　　图 8-50

8．单击【自定义风格】按钮，为创建的动画选择【现实的】场景风格，如图8-51所示。

9．单击【特效】按钮，弹出【选择剪辑效果】界面，在【天气】选项栏中为动画场景添加【风】效果，在【相机】选项栏中为动画场景添加【镜头光晕】效果，如图8-52所示。

图 8-51　　　　　　　　　　　　图 8-52

10．单击【播放】按钮▶，再次播放动画。单击【渲染电影】按钮▣，开始渲染动画，如图8-53所示。

11．在随后弹出的渲染设置界面中，设置输出品质、每秒帧数和视频清晰度等，如图8-54所示。单击【全高清】按钮，将动画保存为MP4格式的文件。

图 8-53　　　　　　　　　　　　图 8-54

211

12．保存动画后，开始渲染动画。根据系统配置的高低，渲染时长会有所不同。最终渲染完成后，单击【OK】按钮，如图 8-55 所示，结束建筑场景动画的制作。

图 8-55

## 8.2.4　Lumion 与 SketchUp 模型同步

在 Lumion Pro 12.0 中，用户可以设置 SketchUp 模型的实时可视化。同样，在 SketchUp 中编辑建筑模型时，将看到这些变化实时体现在 Lumion 令人惊叹的逼真环境中。

下面以某公共建筑项目为例，介绍 Lumion 与 SketchUp 模型同步的基本操作流程。

1．启动 SketchUp Pro 2023，打开本例源文件夹中的"公共建筑.skp"文件，打开文件的效果如图 8-56 所示。

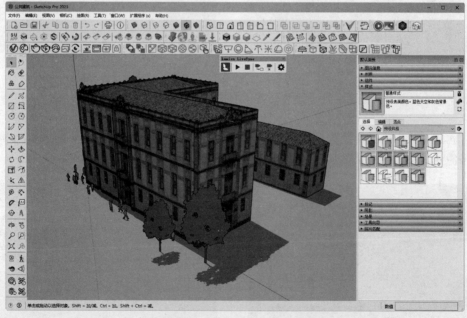

图 8-56

2．启动 Lumion Pro 12.0，打开欢迎界面，然后将 Lumion 窗口置于计算机屏幕右侧，SketchUp

窗口置于屏幕左侧，如图 8-57 所示。

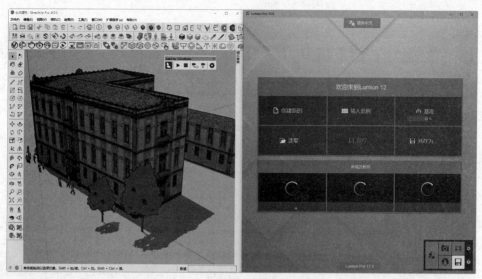

图 8-57

3．在 Lumion Pro 12.0 欢迎界面中单击【创建新的】按钮，进入【创建新项目】界面，然后选择【草原环境】模板进入场景编辑模式。

4．在 SketchUp 的【Lumion LiveSync】工具栏中单击【Start LiveSync】按钮▶以启动 Lumion LiveSync for Sketch Up 插件，此时 Lumion Pro 12.0 界面中会相应地显示"公共建筑"项目场景，如图 8-58 所示。

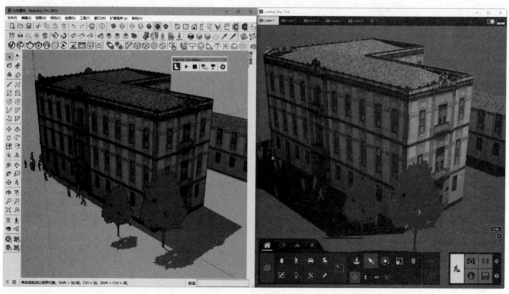

图 8-58

**提示**

　　如果单击【Start LiveSync】按钮▶后出现 "LiveSync will not work on your computer" 提示，表示 Lumion 的联网问题没有得到解决。到 C:\Windows\System32\drivers\etc 路径下把 hosts 文件用记事本打开，将安装 Lumion 时输入的那些断网站点删除即可。

5．在 SketchUp 中，无论是进行视图操控还是对模型进行编辑，都会实时反馈到 Lumion 中，几乎是同步更新，如添加组件，如图 8-59 所示。

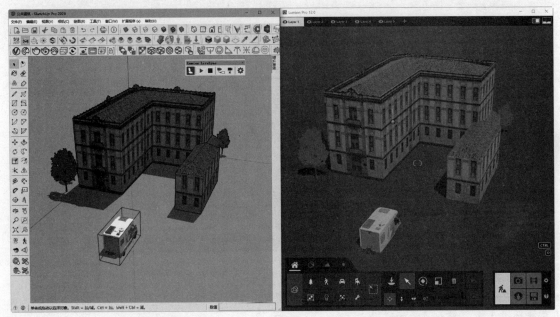

图 8-59

6．在 SketchUp 中完成模型的编辑后，就可以在 Lumion 中对场景模型进行 3D 可视化操作了，如添加植物、设施，以及制作动画和渲染等。